**Algorithmen für Zahlen und Primzahlen**

**EAGLE 058:**

www.eagle-leipzig.de/058-graebe.htm

# Edition am Gutenbergplatz Leipzig

**Gegründet am 21. Februar 2003 in Leipzig, im Haus des Buches am Gutenbergplatz.**

**Im Dienste der Wissenschaft.**

Hauptrichtungen dieses Verlages für
Lehre, Forschung und Anwendung sind:
Mathematik, Informatik, Naturwissenschaften, Wirtschaftswissenschaften, Wissenschafts- und Kulturgeschichte.

**EAGLE:** www.eagle-leipzig.de

---

## EAGLE-GUIDE / Mathematik im Studium
**Hrsg. der Reihe: Prof. Dr. Bernd Luderer, Chemnitz**

Bände der Sammlung „EAGLE-GUIDE" erscheinen
seit 2004 im unabhängigen Wissenschaftsverlag
„Edition am Gutenbergplatz Leipzig"
(Verlagsname abgekürzt: EAGLE bzw. EAG.LE).

Jeder Band ist inhaltlich in sich abgeschlossen.

www.eagle-leipzig.de/verlagsprogramm.htm

Hans-Gert Gräbe

# EAGLE-GUIDE
# Algorithmen für Zahlen und Primzahlen

**EAG.LE** Edition am Gutenbergplatz
Leipzig

Bibliografische Information der Deutschen Nationalbibliothek
Die Deutsche Nationalbibliothek verzeichnet diese Publikation in der
Deutschen Nationalbibliografie; detaillierte bibliografische Daten sind
im Internet über http://dnb.d-nb.de abrufbar.

**Prof. Dr. rer. nat. habil. Hans-Gert Gräbe**
Geboren 1955 in Adorf / Vogtland. Schulzeit bis 1974 in Erfurt und Halle / S.
Mehrfach Preise bei Mathematikolympiaden, u. a. Silbermedaille IMO 1974.
Von 1974 bis 1979 Studium der Mathematik an der Belorussischen Staatlichen
Universität Minsk. Von 1979 bis 1990 Assistent und Oberassistent in Halle / S.
und Erfurt. Seit 1990 am Institut für Informatik der Universität Leipzig,
seit 2003 apl. Professor für Informatik.
Promotion (1983) und Habilitation (1988) mit Arbeiten zu Algebra und
Kombinatorik, weitere Arbeiten im Bereich der Computeralgebra und
algorithmischen Mathematik, zum Einsatz komplexer Softwaresysteme,
Software-Technik, Technologien des Semantic Web.
Jenseits dieser fachlichen Interessen Beschäftigung mit gesellschaftlichen
Konsequenzen moderner Technologien, Arbeit und Wissen in der modernen
Gesellschaft, Mitarbeit im Oekonux-Projekt, im Dorfwiki-Projekt sowie im
Rohrbacher Kreis, Betreiber von leipzig-netz.de (Leipzig-Wiki).
Daneben engagiert in der Förderung mathematischer Nachwuchstalente,
Vorstandsmitglied und über viele Jahre Leiter der Leipziger Schülergesellschaft
für Mathematik, Mitarbeit im Aufgabenausschuss der Mathematik-Olympiaden
und im Sächsischen Landeskomitee zur Förderung mathematisch-naturwissen-
schaftlich interessierter Schüler, im MINT-Netzwerk Leipzig und als
MINT-Botschafter der Initiative mintzukunftschaffen.de.

**Erste Umschlagseite:** Möbiusband. (August F. Möbius, 1790-1868.
Auf Empfehlung von C. F. Gauß Ruf an die Universität Leipzig: Direktor der
Sternwarte, Astronom, Geometer. A. F. Möbius nahm von Leipzig aus großen
Einfluss auf die Ausbildung von Gymnasiallehrern in Sachsen.)

**Vierte Umschlagseite:**
Das Motiv zur BUGRA Leipzig 1914 (Weltausstellung für Buchgewerbe
und Graphik) zeigt neben B. Thorvaldsens Gutenbergdenkmal auch das
Leipziger Neue Rathaus und das Völkerschlachtdenkmal.

Für vielfältige Unterstützung sei der Teubner-Stiftung in Leipzig gedankt.

Warenbezeichnungen, Gebrauchs- und Handelsnamen usw. in diesem Buch
berechtigen auch ohne spezielle Kennzeichnung nicht zu der Annahme, dass
solche Namen im Sinne der Warenzeichen- und Markenschutz-Gesetzgebung
als frei zu betrachten wären und von jedermann benutzt werden dürften.

**EAGLE 058:** www.eagle-leipzig.de/058-graebe.htm

Das Werk einschließlich aller seiner Teile ist urheberrechtlich geschützt. Jede Verwertung
außerhalb der engen Grenzen des Urheberrechtsgesetzes ist ohne Zustimmung des
Verlages unzulässig und strafbar. Das gilt besonders für Vervielfältigungen, Übersetzungen,
Mikroverfilmungen und die Einspeicherung und Verarbeitung in elektronischen Systemen.

© Edition am Gutenbergplatz Leipzig 2012

Printed in Germany
Umschlaggestaltung: Sittauer Mediendesign, Leipzig
Herstellung: Books on Demand GmbH, Norderstedt
ISBN 978-3-937219-58-5

# Vorwort

Dieses Buch enthält einen Teil des Materials, das ich in meiner Vorlesung „Algorithmen für Zahlen und Primzahlen" algorithmisch interessierten Hörerinnen und Hörern verschiedener Studienrichtungen an der Universität Leipzig nahe bringe.

Der Text vermittelt einen Einblick in die Welt der Algorithmen, die beim Rechnen mit exakten Zahlen sowie für Primtests ganzer Zahlen in Computeralgebra-Systemen (CAS) zum Einsatz kommen. Derartige Algorithmen spielen nicht nur im Kern solcher CAS eine wichtige Rolle, sondern haben darüber hinaus auch eine zentrale Bedeutung zum Beispiel in kryptografischen Anwendungen.

Eine erschöpfende Darstellung des Themas kann nicht Gegenstand dieser knappen Einführung sein, zumal es umfangreiche Literatur gibt, in der Primzahlalgorithmen ausführlich diskutiert werden. Der Schwerpunkt *dieses* Buchs liegt auf der knappen und allgemein verständlichen Darstellung *praktikabler* Verfahren für die verschiedenen grundlegenden algorithmischen Fragestellungen für Zahlen und Primzahlen, wie sie auch in CAS zum Einsatz kommen.

Als Referenzsystem kommt in diesem Buch das Open Source CAS MAXIMA [4] zum Einsatz, das sich zunehmender Beliebtheit unter Lehrern und Studenten erfreut. Die algorithmischen Beispiele sind in dessen Programmiersprache notiert und können damit leicht selbst nachvollzogen sowie praktisch studiert und erweitert werden. Eine detaillierte Einführung in die MAXIMA-Programmiersprache wird nicht gegeben; jedoch lassen sich bei einiger Erfahrung mit anderen Programmiersprachen auch die Programmfeinheiten der Beispiele rasch erschließen.

Neben den Algorithmen wird auch deren Laufzeitverhalten untersucht, um auf diese Weise grundlegende Konzepte zu

Komplexitätsfragen im Zusammenhang mit Anwendungen des symbolischen Rechnens darzustellen. Ein spannendes Resultat auf diesem Gebiet hat vor einigen Jahren Aufmerksamkeit bis in die Tagespresse gefunden: der von drei jungen indischen Mathematikern im August 2002 erbrachte Beweis, dass das Primtestproblem in Polynomialzeit entschieden werden kann. Die Grundideen dieses Beweises lassen sich, im Gegensatz zu zahlentheoretischen Problemen vergleichbarer Bedeutung, bereits mit geringen mathematischen Vorbereitungen nachvollziehen. Dies sowie gebräuchliche Faktorisierungs-Algorithmen für ganze Zahlen können hier jedoch nicht dargestellt werden.

Abschließend ein Wort zu den mathematischen Voraussetzungen für dieses Buch. Der größte Teil ist mit guten Mathematik-Kenntnissen auf der Ebene des Abiturs und einiger Übung in mathematischer Beweisführung nachzuvollziehen. An einigen Stellen werden Grundkenntnisse der höheren Algebra, wie etwa über endliche Körper und das Rechnen in Restklassenringen, vorausgesetzt.

Im Buch finden Sie eine Reihe von Aufgaben, an denen der eine oder andere Aspekt der Ausführungen an einem praktischen Beispiel noch einmal nachvollzogen oder vertieft werden kann. Interessierte Leser finden auf den Webseiten

```
http://hg-graebe.de/ZahlenUndPrimzahlen und
http://www.eagle-leipzig.de/058-graebe.htm
```

Hinweise zu diesen Aufgaben und auch weitere Anmerkungen zu diesem Buch.

Leipzig, Juli 2012                                    Hans-Gert Gräbe

# Inhalt

**1 Was Sie erwartet**   9

**2 Zahlen und Primzahlen – Eigenschaften**   10
    2.1 Bezeichnungen und Notationen . . . . . . . . . 10
    2.2 Teilbarkeit und Primalität in Integritätsbereichen 10
    2.3 Die Menge der Primzahlen . . . . . . . . . . . . 14
    2.4 Division mit Rest und Euklidischer Algorithmus 14

**3 Das Rechnen mit ganzen Zahlen. Die Langzahlarithmetik und deren Komplexität**   18
    3.1 Rechnen in Positionssystemen . . . . . . . . . . 18
    3.2 Ein- und Ausgabe . . . . . . . . . . . . . . . . 19
    3.3 Vergleich zweier Zahlen . . . . . . . . . . . . . 22
    3.4 Addition und Subtraktion . . . . . . . . . . . 23
    3.5 Multiplikation . . . . . . . . . . . . . . . . . . 24
    3.6 Division mit Rest . . . . . . . . . . . . . . . . 26
    3.7 Berechnung des größten gemeinsamen Teilers . 28

**4 Rechnen mit Resten**   29
    4.1 Ein Satz über endliche Mengen . . . . . . . . . 29
    4.2 Der Restklassenring $\mathbb{Z}_m$ . . . . . . . . . . . . . 30
    4.3 Der Chinesische Restsatz . . . . . . . . . . . . 32
    4.4 Die Gruppe der primen Restklassen . . . . . . . 37

**5 Primzahl-Testverfahren**   40
    5.1 Primtest durch Probedivision . . . . . . . . . . 40

|  |  |  |
|---|---|---|
| 5.2 | Der Fermat-Test | 43 |
| 5.3 | Der Las-Vegas-Ansatz | 45 |
| 5.4 | Carmichael-Zahlen | 47 |
| 5.5 | Der Rabin-Miller-Test | 47 |
| 5.6 | Der Solovay-Strassen-Test | 51 |

## 6 Primzahl-Zertifikate   56
| | | |
|---|---|---|
| 6.1 | Verifikation der Primzahleigenschaft | 56 |
| 6.2 | Primzahl-Zertifikate | 57 |

## 7 Der Lucas-Test   62
| | | |
|---|---|---|
| 7.1 | Quadratische Erweiterungen | 62 |
| 7.2 | Der Ring $\mathbb{O}_m$ | 64 |
| 7.3 | Lucas-Folgen | 65 |
| 7.4 | Eigenschaften von Lucas-Folgen | 67 |
| 7.5 | Lucas-Zertifikate und die Gruppe $G_m$ | 69 |

## 8 Primzahlrekorde   73
| | | |
|---|---|---|
| 8.1 | Fermatzahlen | 74 |
| 8.2 | Mersennezahlen | 76 |

**Literatur**   80

**Index**   81

# 1 Was Sie erwartet

*The Rabin-Miller strong pseudoprime test is a particularly efficient test. Mathematica versions 2.2 and later have implemented the multiple Rabin-Miller test in bases 2 and 3 combined with a Lucas pseudoprime test as the primality test used by the function PrimeQ[n]. Like many such algorithms, it is a probabilistic test using pseudoprimes. In order to guarantee primality, a much slower deterministic algorithm must be used. However, no numbers are actually known that pass advanced probabilistic tests (such as Rabin-Miller) yet are actually composite.*

So heißt es in [3] zu MATHEMATICA's Primtestalgorithmen. Ähnliche Beschreibungen finden sich in den Unterlagen anderer CAS. Im Weiteren werden wir genauer besprechen, was diese Worte und Sätze bedeuten, wieso „in der Basisvariante" keine garantierten Ergebnisse geliefert werden und welchen zusätzlichen Aufwand man zur Verifikation des Ergebnisses eines Primtests betreiben muss.

Nach einer Rekapitulation von Konzepten rund um den Teilbarkeitsbegriff im Kapitel 2 werden die wichtigsten algorithmischen Ideen zum Rechnen mit langen Zahlen (Kapitel 3) sowie zum Rechnen mit Resten (Kapitel 4) zusammengetragen, ehe es mit Primtestverfahren auf der Basis des Fermat-Tests (Kapitel 5) richtig losgeht. Nach einem Intermezzo zu dem „much slower deterministic algorithm", mit dem sich Primzahlen zertifizieren lassen (Kapitel 6), kommen mit dem Lucas-Test (Kapitel 7) etwas komplexere zahlentheoretische Konzepte zum Einsatz, mit denen sich dann auch das Gebiet der Primzahlrekorde (Kapitel 8) am Beispiel der Fermatzahlen sowie der Mersennezahlen konzeptionell genauer ausleuchten lässt.

# 2 Zahlen und Primzahlen – grundlegende Eigenschaften

## 2.1 Bezeichnungen und Notationen

In diesem Buch bezeichnen $\mathbb{Z}$ den Ring der ganzen Zahlen, $\mathbb{N} = \{0, 1, 2, \ldots\}$ die Menge der natürlichen Zahlen und $\mathbb{P} = \{2, 3, 5, \ldots\}$ die Menge der Primzahlen.

Die Notation $m = \prod_{p \in \mathbb{P}} p^{a_p}$ mit $a_p \in \mathbb{N}$ steht für die Primfaktorzerlegung der Zahl $m$ und bedeutet, dass $a_p > 0$ nur für endlich viele Primzahlen $p \in \mathbb{P}$ gilt und das Produkt nur über die endliche Indexmenge $\{p \in \mathbb{P} : a_p > 0\}$ gebildet wird.

In Aussagen zum Wachstumsverhalten von Kostenfunktionen kommt im Weiteren oft die Notation $\sim$ für Zählfunktionen mit gleichem Wachstumsverhalten vor. Sind $a(n)$ und $b(n)$ zwei Zählfunktionen, also positiv reellwertige Funktionen $\mathbb{N} \to \mathbb{R}_+$, so schreiben wir $a(n) \sim b(n)$, wenn es Konstanten $C_1, C_2 > 0$ und $N_0 > 0$ gibt, so dass $C_1 < \frac{b(n)}{a(n)} < C_2$ für alle $n > N_0$ gilt.

Kann man die Wachstumsordnung nur nach einer Seite hin abschätzen, so schreiben wir $b(n) = O(a(n))$, wenn es Konstanten $C, N_0 > 0$ gibt, so dass $b(n) < C\, a(n)$ für alle $n > N_0$ gilt.

## 2.2 Teilbarkeit und Primalität in Integritätsbereichen

Im gesamten Buch geht es um verschiedene Aspekte der Teilbarkeit ganzer Zahlen. In diesem ersten Abschnitt sind die wichtigsten Konzepte und Eigenschaften des Teilbarkeitsbegriffs zusammentragen. Da hierbei nur von der Eigenschaft Gebrauch gemacht wird, dass der Bereich $\mathbb{Z}$ der ganzen Zahlen ein kommutativer nullteilerfreier Ring mit Eins ist, ein *In-*

*tegritätsbereich*, wollen wir dies gleich in dieser Allgemeinheit ausführen und dabei zeigen, wie die aus der Schule bekannten Teilbarkeitseigenschaften ganzer Zahlen ihre natürliche Verallgemeinerung finden.

Es seien also $R$ ein Integritätsbereich und $a, b \in R$ zwei seiner Elemente mit $a, b \neq 0$. Wir sagen, $a$ *teilt* $b$ und schreiben $a \,|\, b$, wenn es ein Element $c \in R$ mit $a \cdot c = b$ gibt.

Gilt $a \,|\, b$ und $b \,|\, a$, dann sprechen wir von *assoziierten Elementen* und schreiben $a \sim b$. In diesem Fall gibt es Elemente $c_1, c_2 \in R$ mit $a \cdot c_1 = b$ und $b \cdot c_2 = a$, also $a \cdot (c_1 \, c_2) = a$ und folglich $c_1 \, c_2 = 1$. Dabei kommt die Nullteilerfreiheit von $R$ ins Spiel: aus $a \cdot (c_1 \, c_2 - 1) = 0$ und $a \neq 0$ folgt $c_1 \, c_2 - 1 = 0$.

$c_1$ und $c_2$ sind folglich Teiler der Eins und zueinander inverse Elemente. Teilbarkeitsaussagen können grundsätzlich nur eindeutig bis auf solche invertierbaren Elemente als Faktoren getroffen werden. Die Menge der invertierbaren Elemente des Integritätsbereichs $R$ bezeichnen wir mit $R^*$. Da $R^*$ unter Multiplikation und Inversenbildung abgeschlossen ist, handelt es sich sogar um eine Gruppe, die *multiplikative Gruppe der invertierbaren Elemente* in $R$. Für die ganzen Zahlen gilt $\mathbb{Z}^* = \{-1, 1\}$.

Eine besondere Rolle in Teilbarkeitsfragen ganzer Zahlen spielen Primzahlen. In der Teilbarkeitstheorie über Integritätsbereichen $R$ gibt es zwei Verallgemeinerungen dieses Begriffs:

Ein Element $p \in R$ heißt *prim*, wenn gilt

$$p \notin R^* \text{ und } (p \,|\, a\,b \Rightarrow p \,|\, a \text{ oder } p \,|\, b) \,. \tag{2.1}$$

Ein Element $p \in R$ heißt *irreduzibel*, wenn gilt

$$p \notin R^* \text{ und } (d \,|\, p \Rightarrow d \sim p \text{ oder } d \sim 1) \,. \tag{2.2}$$

Jedes prime Element ist irreduzibel: Gilt $d \,|\, p$, so existiert ein $c \in R$ mit $d \cdot c = p$. Folglich gilt $p \,|\, d \cdot c$ und wegen (2.1) entweder $p\,|\,d$ und somit $p \sim d$ oder $p\,|\,c$ und somit für ein weiteres $q \in R$ nacheinander

$$c = p \cdot q \Rightarrow p = dc = dpq \Rightarrow dq = 1 \Rightarrow d \sim 1\,.$$

Ein Integritätsbereich $R$ heißt *faktoriell*, wenn jedes Element $r \in R$ eine im Wesentlichen eindeutige Darstellung

$$r = \varepsilon \cdot p_1^{a_1} p_2^{a_2} \ldots p_s^{a_s}$$

als Produkt irreduzibler Elemente $p_1, \ldots, p_s$ besitzt mit einem $\varepsilon \in R^*$ und positiven Exponenten $a_1, \ldots, a_s \in \mathbb{N}$. „Im Wesentlichen" bedeutet, dass für eine andere solche Zerlegung

$$r = \varepsilon' \cdot q_1^{b_1} q_2^{b_2} \ldots q_t^{b_t} \tag{2.3}$$

stets $s = t$ und nach geeigneter Umnummerierung $p_i \sim q_i$ und $a_i = b_i$ für alle $i$ gilt.

In einem faktoriellen Ring ist jedes irreduzible Element auch prim. Da für die ganzen Zahlen $\mathbb{Z}$ der *Satz über die Eindeutigkeit der Primfaktorzerlegung* gilt, $\mathbb{Z}$ also ein faktorieller Ring ist, werden wir die beiden Primalitäts-Begriffe im Weiteren nicht unterscheiden.

Als *größten gemeinsamen Teiler* (engl.: greatest common divisor) von $a, b \in R$ mit $a, b \neq 0$ bezeichnet man jedes Element $g \in R$ mit den Eigenschaften

(G.1) $\quad g\,|\,a,\ g\,|\,b$ sowie

(G.2) $\quad \forall\, d : (d\,|\,a,\ d\,|\,b \Rightarrow d\,|\,g)$.

Zwei größte gemeinsame Teiler sind assoziiert, unterscheiden sich also nur um einen Faktor aus $R^*$. Über $\mathbb{Z}$ (und allgemeiner in faktoriellen Ringen) besitzen je zwei Elemente einen größten gemeinsamen Teiler. Sind

$$a = \varepsilon_a \cdot \prod_{p \in \mathbb{P}} p^{a_p} \quad \text{und} \quad b = \varepsilon_b \cdot \prod_{p \in \mathbb{P}} p^{b_p}$$

Zahlen und Primzahlen – grundlegende Eigenschaften

die eindeutigen Primfaktorzerlegungen von $a, b \in \mathbb{Z}$, so ist

$$g = \gcd(a,b) = \prod_{p \in \mathbb{P}} p^{\min(a_p, b_p)} \qquad (2.4)$$

ein größter gemeinsamer Teiler.

Ähnlich heißt jedes Element $k \in R$ mit den Eigenschaften

(K.1)  $a \mid k$, $b \mid k$  sowie

(K.2)  $\forall d : (a \mid d, \ b \mid d \Rightarrow k \mid d)$

*kleinstes gemeinsames Vielfaches* (engl.: least common multiple) von $a$ und $b$. Zwei Elemente mit diesen Eigenschaften sind ebenfalls assoziiert. Für die oben angegebenen Primfaktorzerlegungen von $a$ und $b$ in $\mathbb{Z}$ ist

$$k = \operatorname{lcm}(a,b) = \prod_{p \in \mathbb{P}} p^{\max(a_p, b_p)} \qquad (2.5)$$

ein kleinstes gemeinsames Vielfaches.

In allgemeineren Integritätsbereichen $R$ müssen für gegebene $a, b \in R$ mit $a, b \neq 0$ größte gemeinsame Teiler oder kleinste gemeinsame Vielfache nicht existieren. Existiert jedoch ein größter gemeinsamer Teiler $g = \gcd(a,b)$, so folgt aus (G.1) die Existenz von Elementen $a', b' \in R$ mit $a = g \cdot a'$, $b = g \cdot b'$, für die also $\gcd(a', b') \sim 1$ gilt. Derartige Elemente $a', b' \in R$ bezeichnet man als *teilerfremd*. $k = g \cdot a' \cdot b' = a \cdot b' = a' \cdot b$ ist in diesem Fall ein gemeinsames Vielfaches von $a$ und $b$ und es gilt $a \cdot b = g \cdot k$. Existieren zusätzlich $u, v \in R$ mit $a' \cdot u + b' \cdot v = 1$, so ist $k$ sogar ein kleinstes gemeinsames Vielfaches von $a$ und $b$. Diese Eigenschaft ist insbesondere im Fall $R = \mathbb{Z}$ erfüllt, so dass sich im Bereich der ganzen Zahlen mit der Beziehung

$$\operatorname{lcm}(a,b) = \frac{a \cdot b}{\gcd(a,b)} = g \cdot a' \cdot b' \qquad (2.6)$$

die Berechnung kleinster gemeinsamer Vielfacher auf die Berechnung größter gemeinsamer Teiler zurückführen lässt. Im Weiteren interessieren wir uns deshalb nur für effiziente Verfahren zum Berechnen größter gemeinsamer Teiler.

## 2.3 Die Menge der Primzahlen

Im Bereich der ganzen Zahlen unterscheiden sich zueinander assoziierte Primelemente nur im Vorzeichen. Wir fixieren deshalb

$$\mathbb{P} = \{2, 3, 5, \dots\} = \{p_1, p_2, \dots\}$$

als die Menge der Primzahlen. $p_n$ wird auch als *die n-te Primzahl* bezeichnet.

**Satz 1 (Satz von Euklid)**
*Es gibt unendlich viele Primzahlen.*

*Beweis:* Nehmen wir an, $\mathbb{P} = \{p_1, \dots, p_k\}$ wäre endlich. Die Zahl $N = p_1 \cdot \ldots \cdot p_k + 1$ ist durch keine der Zahlen $p \in \mathbb{P}$ teilbar, kann also nicht in Primfaktoren zerlegt werden. Unsere Annahme führte zu einem Widerspruch. □

*Aufgabe 1:* Zeigen Sie, dass es auch unendlich viele Primzahlen der Form $4t + 3, t \in \mathbb{N}$, gibt.

## 2.4 Division mit Rest und Euklidischer Algorithmus

Formel (2.4) ist für die praktische Berechnung größter gemeinsamer Teiler wenig geeignet, da hierfür zunächst Faktorzerlegungen zu bestimmen wären – ein algorithmisch aufwändiges Geschäft. Der Ring der ganzen Zahlen hat eine besondere Eigenschaft, die für die effiziente Bestimmung des größten gemeinsamen Teilers genutzt werden kann.

*Zahlen und Primzahlen – grundlegende Eigenschaften* 15

**Satz 2 (Division mit Rest)** *Zu zwei Zahlen $a, b \in \mathbb{Z}$, $b > 0$ gibt es stets eindeutig bestimmte Zahlen $q$ und $r$, so dass*

$$a = q \cdot b + r \quad und \quad 0 \leq r < b$$

*gilt. $q = \text{div}(a, b)$ bezeichnet man als den (ganzzahligen) Quotienten und $r = \text{mod}(a, b)$ als den Rest der Division von $a$ durch $b$.*

Da jeder gemeinsame Teiler von $(a, b)$ auch Teiler von $r$ ist und umgekehrt jeder gemeinsame Teiler von $(b, r)$ auch Teiler von $a$, kann durch fortgesetzte Division mit Rest

$$r_0 = a, \ r_1 = b, \ r_2 = \text{mod}(r_0, r_1), \ r_3 = \text{mod}(r_1, r_2), \ \ldots$$

eine Reihe von Paaren $(r_0, r_1)$, $(r_1, r_2)$, ... berechnet werden, die alle dieselben gemeinsamen Teiler und damit denselben größten gemeinsamen Teiler haben. Falls die Division im Schritt $k$ aufgeht, endet die Rechnung mit einem Paar $(r_k, 0)$, und $r_k$ ist dieser größte gemeinsame Teiler. Da einerseits $r_1 > r_2 > \ldots$ gilt, Reste andererseits nicht negativ sind, muss die fortgesetzte Division auf diese Weise abbrechen.

Dieses Verfahren bezeichnet man als *Euklidischen Algorithmus*. Der folgende MAXIMA-Code definiert eine Funktion, mit der diese Rechnung ausgeführt werden kann, wobei zusätzlich die Zwischenschritte ausgegeben werden.

An diesem Beispiel sieht man zugleich das prinzipielle Vorgehen, um einen Algorithmus genauer zu studieren – Anschreiben als Funktionsdefinition, Ausgabezeilen zur Untersuchung des Verhaltens „unterwegs", die später leicht auskommentiert werden können.

```
Euklid(a,b):=block([q,r],
  unless b=0 do (
    r:mod(a,b), q:(a-r)/b,
```

```
    print(a,"=",b," *",q," +",r),
    a:b, b:r
  ),
  return(a)
);
```

Euklid(2134134,581931)

$$
\begin{aligned}
2134134 &= 3 \cdot 581931 + 388341 \\
581931 &= 1 \cdot 388341 + 193590 \\
388341 &= 2 \cdot 193590 + 1161 \\
193590 &= 166 \cdot 1161 + 864 \\
1161 &= 1 \cdot 864 + 297 \\
864 &= 2 \cdot 297 + 270 \\
297 &= 1 \cdot 270 + 27 \\
270 &= 10 \cdot 27 + 0
\end{aligned}
$$

Der größte gemeinsame Teiler ist also gleich 27 und wurde vollkommen ohne Rückgriff auf die Faktorzerlegung der beiden Ausgangszahlen bestimmt. Auf die Bestimmung der Laufzeit dieses Verfahrens kommen wir im nächsten Kapitel zurück.

Die Formel $a = q \cdot b + r$ kann als $r = a - q \cdot b$ umgestellt werden, womit sich der Rest als ganzzahlige Linearkombination von $a$ und $b$ darstellen lässt. Dies kann leicht über den Euklidischen Algorithmus iteriert werden, woraus sich unmittelbar die Gültigkeit des folgenden Satzes ergibt.

**Satz 3** $g = \gcd(a, b)$ *kann für* $a, b \in \mathbb{Z}$ *als ganzzahlige Linearkombination* $g = u \cdot a + v \cdot b$ *mit geeigneten* $u, v \in \mathbb{Z}$ *dargestellt werden.*

Die Kofaktoren $u$ und $v$ können mit der folgenden Modifikation des oben beschriebenen Algorithmus während der Rechnung leicht aufgesammelt werden.

```
ExtendedEuklid(a,b):=
block([u1:1,v1:0,u2:0,v2:1,u3,v3,q,r],
  unless b=0 do (
    r:mod(a,b), q:(a-r)/b,
    u3:u1-q*u2, v3:v1-q*v2,
    a:b, b:r, u1:u2, v1:v2, u2:u3, v2:v3
  ),
  return([a,u1,v1])
);
```

# 3 Das Rechnen mit ganzen Zahlen. Die Langzahlarithmetik und deren Komplexität

## 3.1 Rechnen in Positionssystemen

Grundlage des symbolischen Rechnens ist die Möglichkeit, alle Rechnungen *exakt* auszuführen, also ohne Rundungsfehler. Die Basis für solche Fähigkeiten liegt im exakten Rechnen mit ganzen und gebrochenen Zahlen. Die entsprechenden Verfahren benutzen dazu die Darstellung ganzer Zahlen in einem Positionssystem mit einer fixierten Basis $\beta$:

$$z = \pm \sum_{i=0}^{m} a_i \beta^i = [\varepsilon, m; a_m, \ldots, a_0].$$

$a_0, \ldots, a_m$ sind dabei *Ziffern* aus dem entsprechenden Positionssystem, d.h. natürliche Zahlen mit der Eigenschaft $0 \leq a_i \leq \beta - 1$. $\beta$ ist Teil der internen Darstellung, durch die Gegebenheiten des verwendeten Prozessors bestimmt und wird im Weiteren als vorgegebene fixierte Größe betrachtet, typischerweise eine Zweierpotenz.

Die Zahl $l = l(z) = m + 1 = \left\lfloor \frac{\ln(z)}{\ln(\beta)} \right\rfloor + 1$ nennt man die *Wort-* oder *Bitlänge* von $z$. Es gilt also $l \sim \ln(z)$ und somit $z = 2^{O(l)}$, da $\beta$ eine fixierte Konstante ist. Die Notation $z = 2^{O(l)}$ bedeutet, dass $\log_2(z) \sim \ln(z)$ die Wachstumsordnung $O(l)$ hat.

Auf der Seite der Zahlen haben wir die Datentypen `Digit` und `Zahl` (als `Array of Digit`, wenn wir vom Vorzeichen absehen). Für den Datentyp `Zahl` sind eine Reihe von Operationen zu definieren (und zu implementieren), zu denen mindestens $+, -, *, \text{div}, \text{mod}$ und $\gcd$ gehören, und die wir weiter unten genauer betrachten wollen.

Außerdem benötigen wir Ein- und Ausgabeprozeduren, welche die Verbindung zum Datentyp `String` (als `Array of Char`) herstellen. Die Ein- und Ausgabe erfolgt normalerweise nicht im Zahlsystem $\beta$, sondern in einem anderen Zahlsystem $\gamma$, wobei wir $\gamma < \beta$ annehmen wollen, so dass auch für die Umwandlung zwischen Ziffern und Zeichen die Prozessorbefehle direkt genutzt werden können. Die Verbindung zwischen beiden Datentypen kann durch zwei Funktionen

$$\text{val} : \texttt{Char} \to \texttt{Digit} \quad \text{und} \quad \text{symb} : \texttt{Digit} \to \texttt{Char}$$

beschrieben werden, die einzelne Zeichen in `Digit`'s und umgekehrt verwandeln. Entsprechende MAXIMA-Funktionen lassen sich wie folgt definieren:

```
val(c):=
  if digitcharp(c) then cint(c)-cint("0")
  else if lowercasep(c) then cint(c)-cint("a")+10
  else cint(c)-cint("A")+10;

symb(d):=
  if d<10 then ascii(d+cint("0"))
  else ascii(d+cint("A")-10);
```

## 3.2 Ein- und Ausgabe

In der folgenden kurzen Analyse der Ein- und Ausgabefunktionen wollen wir uns auf vorzeichenlose ganze Zahlen beschränken. Als `String` sind diese in Form eines Arrays $s = [a_m \ldots a_0]_\gamma$ von `Char`'s gespeichert, der die Positionsdarstellung der Zahl im Zahlsystem mit der Basis $\gamma$ symbolisiert.

Zur Umrechnung eines Strings in eine Zahl kann das Hornerschema angewendet werden.

*Beispiel:* Das Datum $[1A2CF]_{16}$ vom Typ `String` als Positionsdarstellung einer positiven ganzen Zahl im 16er-System ist in ein Datum $z$ vom Typ `Zahl` zu verwandeln:

$$z = 1 \cdot 16^4 + 10 \cdot 16^3 + 2 \cdot 16^2 + 12 \cdot 16 + 15$$
$$= (((1 \cdot 16 + 10) \cdot 16 + 2) \cdot 16 + 12) \cdot 16 + 15$$
$$= 107\,215$$

Eine MAXIMA-Implementierung dieses Verfahrens kann wie folgt umgesetzt werden:

```
StringToZahl(s,gamma):=block([i,z:0],
  for i:1 thru slength(s) do
    z:z*gamma+val(charat(s,i)),
  return(z)
);
```

Die Umrechnung eines Datums vom Typ `Zahl` in ein Datum vom Typ `String` erfolgt durch fortgesetzte Division mit Rest.

*Beispiel:* Die Zahl $z = 21357$ ist im 6er-System auszugeben:

$$21357 = 3559 \cdot 6 + 3$$
$$3359 = 593 \cdot 6 + 1$$
$$593 = 98 \cdot 6 + 5$$
$$98 = 16 \cdot 6 + 2$$
$$16 = 2 \cdot 6 + 4$$

Folglich ist

$$21357 = 2 \cdot 6^5 + 4 \cdot 6^4 + 2 \cdot 6^3 + 5 \cdot 6^2 + 1 \cdot 6 + 3 = [242513]_6$$

die Darstellung der Zahl $z$ im 6er-System.

In der folgenden MAXIMA-Realisierung werden die `Digit`'s in einer Liste $l$ aufgesammelt und im letzten Schritt mit `symb` die `Digit`'s in `Char`'s und mit `simplode` die Liste in einen String verwandelt.

# Die Langzahlarithmetik und deren Komplexität

```
ZahlToTString(z,gamma):=block([q,r,l:[]],
  unless z=0 do (r:mod(z,gamma),
    l:append([r],l), z:(z-r)/gamma),
  return(simplode(map(symb,l)))
);
```

Betrachten wir die Kosten der mit diesen Umrechnungen verbundenen Rechnungen, wobei wir uns am klassischen schriftlichen Rechnen orientieren. Wir hatten vorausgesetzt, dass $l(\beta) = l(\gamma) = 1$ gilt, d. h. beide Zahlen vom Typ Digit sind, und somit die auszuführenden Multiplikationen und Divisionen die folgenden Signaturen haben:

$$\text{Dmult} \colon (\text{Zahl}, \text{Digit}) \to \text{Zahl}$$
$$\text{und} \quad \text{Ddivmod} \colon (\text{Zahl}, \text{Digit}) \to (\text{Zahl}, \text{Digit}).$$

Diese benötigen ihrerseits die elementaren Operationen

$$\text{Emult} \colon (\text{Digit}, \text{Digit}) \to \text{DbleDigit}$$
$$\text{und} \quad \text{Edivmod} \colon (\text{DbleDigit}, \text{Digit}) \to (\text{Digit}, \text{Digit}),$$

aus denen sich jeweils die aktuelle Ziffer sowie der Übertrag ergeben. Hierbei ist DbleDigit ein Datentyp, der zwei Ziffern speichert wie in der Multiplikationstabelle einstelliger Zahlen, etwa $7 \cdot 6 = 42$.

Rechnen wir die elementaren Operationen mit Einheitskosten $O(1)$, so ergibt sich für die Komplexität der Rechnungen mit $z$ vom Typ Zahl:

$$C_{\text{Dmult}}(z) = C_{\text{Ddivmod}}(z) \sim l(z) \text{ und}$$
$$C_{\text{ZahlToString}}(z) = C_{\text{StringToZahl}}(z) \sim \frac{1}{2} l(z)^2$$

in Abhängigkeit von der Länge $l(z)$ dieser Zahl. Bei der zwei-

ten Zeile wurde die Summenformel
$$\sum_{i=0}^{m} (i+1) = \frac{(m+1)(m+2)}{2}$$
angewendet.

## 3.3 Vergleich zweier Zahlen

Untersuchen wir den Aufwand, den ein Vergleich comp$(a,b)$ zweier ganzer Zahlen verursacht. In den meisten Fällen ist er in konstanter Zeit ausführbar, nämlich, wenn sich $a$ und $b$ im Vorzeichen oder in der Wortlänge unterscheiden. Am aufwändigsten wird der Vergleich, wenn die beiden Zahlen gleich sind, denn dann müssen wirklich alle Ziffern verglichen werden. Für die Komplexität $C_{\text{comp}}(a,b)$ erhalten wir also $O(1)$ im besten Fall und $\min(l(a), l(b)) + 2$ im schlechtesten Fall (worst case).

In der Algorithmenanalyse interessiert man sich meist nur für eine Abschätzung im schlechtesten Fall, für praktische Zwecke ist es jedoch auch interessant, wie oft dieser schlechteste Fall eintritt. Derartige Untersuchungen des durchschnittlichen Verhaltens setzen einerseits Annahmen über die Verteilung der praktisch relevanten Fälle voraus und führen andererseits schnell zu sehr komplizierten mathematischen Rechnungen. Für comp sind die Verhältnisse gerade noch überschaubar

Untersuchen wir, wie viele Vergleiche *durchschnittlich* notwendig sind, um zwei positive Zahlen $a, b$ derselben Länge $m$ zu vergleichen. Der Durchschnittswert berechnet sich aus der Formel für den Erwartungswert

$$d = \sum_{l=1}^{\infty} p(l) \cdot l = \sum_{k=1}^{\infty} p(\geq k),$$

wobei $p(l)$ die Wahrscheinlichkeit angibt, dass *genau* $l$ Vergleiche notwendig sind, und $p(\geq k)$ die Wahrscheinlichkeit, dass *mindestens* $k$ Vergleiche benötigt werden. Die zweite Gleichung ergibt sich daraus, dass $p(l)$ in der zweiten Summe bei allen $p(\geq k)$ mit $k \leq l$, also genau $l$ Mal, gezählt wird.

Mindestens $k$ Vergleiche mit $1 < k \leq m$ werden benötigt, wenn die Zahlen $a$ und $b$ in den ersten $k-1$ Stellen übereinstimmen. Die entsprechende Wahrscheinlichkeit kann damit als

$$p(\geq k) = \frac{\beta - 1}{(\beta - 1)^2} \cdot \frac{\beta}{\beta^2} \cdot \ldots \cdot \frac{\beta}{\beta^2} = \frac{1}{(\beta - 1)\beta^{k-2}}$$

bestimmt werden, denn das Ziffernpaar $(a_i, b_i)$ kann $\beta^2$ Werte annehmen, wovon in $\beta$ Fällen beide Ziffern gleich sind. Für $i = m$ ist die Ziffer 0 auszuschließen. Mit der Formel für die geometrische Reihe und $m \to \infty$ gilt damit

$$d = 1 + \frac{1}{(\beta - 1)} \cdot \frac{1}{1 - \frac{1}{\beta}} = 1 + \frac{\beta}{(\beta - 1)^2}.$$

Das Ergebnis zeigt, dass selbst für das Binärsystem $\beta = 2$ der Durchschnittswert $d = 3$ nicht weit vom besten Fall entfernt liegt und für größere $\beta$ sogar $d \approx 1$ gilt, da dann in einer Ziffer mehr Information kodiert ist als für kleinere $\beta$.

## 3.4 Addition und Subtraktion

Addition und Subtraktion laufen wie beim schriftlichen Rechnen üblich ab. Der Übertrag kann sich bis über die erste Stelle der größeren Zahl hinaus fortpflanzen. Für $l(a) > l(b)$ ist die Wahrscheinlichkeit dafür gering, da der Übertrag höchstens 1 sein kann, d. h. $a$ muss dazu mit Ziffern $\beta - 1$ beginnen. Im Inneren der Zahlen ist die Wahrscheinlichkeit, dass überhaupt ein Übertrag entsteht, ein wenig größer als $\frac{1}{2}$.

Damit gelten für die Ergebnislänge und die Kosten von Additionen und Subtraktionen die folgenden Abschätzungen:

**Länge:** $l(a \pm b) \leq \max(l(a), l(b)) + 1$.

**Komplexität:**

$$C_{\text{add}}(a,b) = \begin{cases} \text{worst case:} & \max(l(a), l(b)) + 1 \,, \\ \text{best case:} & \min(l(a), l(b)) \,, \\ \text{average case:} & \min(l(a), l(b)) + \frac{1}{2} \,. \end{cases}$$

## 3.5 Multiplikation

Realisieren wir die Multiplikation wie beim schriftlichen Multiplizieren, so benötigen wir eine Multiplikationstabelle für das „kleine Einmaleins" im fremden Positionssystem. Dies leistet die bereits weiter oben eingeführte Funktion `EMult` als Teil der fest verdrahteten Prozessorarithmetik. Man beachte, dass man im Unterschied zum schriftlichen Rechnen mit einem Akkumulator $c$ vom Typ `Zahl` arbeitet, um den Übertrag korrekt zu erfassen.

Für zwei positive ganze Zahlen $a$ und $b$ lässt sich das Verfahren in MAXIMA-Notation wie folgt beschreiben:

```
mult(a,b):=block([c,t,r],
   for i:0 thru l(a)+l(b)-1 do c_i:0,
   for i:0 thru l(a)-1 do (
     r:0,
     for j:0 thru l(b)-1 do (
       t:EMult(a_i,b_j)+c_{i+j}+r,
       (r,c_{i+j}):Edivmod(t,β)
     ),
     c_{i+l(b)}:r /* evtl. verbliebener Übertrag */
   ),
   return(c)
);
```

Für den Beweis der Korrektheit ist zu zeigen, dass $t$ und $r$ die entsprechenden Bereiche `DbleDigit` und `Digit` nicht verlassen. Dies ergibt sich sofort mit einem Induktionsargument: Ist

$$a_i, b_j, c_{i+j}, r \leq \beta - 1$$

beim Eintritt in die innerste Schleife, so gilt

$$t \leq (\beta - 1)^2 + (\beta - 1) + (\beta - 1) = \beta^2 - 1 < \beta^2.$$

Wir erhalten damit für den Berechnungsaufwand die folgenden Abschätzungen:

**Länge:** $l(a \cdot b) = l(a) + l(b)$ oder $l(a \cdot b) = l(a) + l(b) - 1$, wenn kein Übertrag stattfindet, was aber eher unwahrscheinlich ist.

**Komplexität:** $C^*_{\text{mult}}(a, b) = 2\, l(a)\, l(b)$.

Hierbei haben wir nur die Elementarmultiplikationen und -divisionen gezählt. Aber auch die Berücksichtigung der anderen arithmetischen Elementaroperationen führt zum qualitativ gleichen Ergebnis.

*Aufgabe 2:* Bestimmen Sie die Wahrscheinlichkeit, dass im Zahlsystem zur Basis $\beta$ für die Länge des Produkts der Zahlen $a$ und $b$ die Beziehung $l(a \cdot b) = l(a) + l(b) - 1$ gilt.

Zeigen Sie, dass diese Wahrscheinlichkeit etwa gleich $\frac{\log(\beta)}{\beta}$ ist.

## Binäres Multiplizieren

Besonders einfach ist die Multiplikation, wenn die beiden Faktoren als Bitfelder zur Basis $\beta = 2$ vorliegen. Dann kommt man allein mit Additionen und Shiftoperationen aus.

Bitfelder und Bitoperationen sind in höheren Programmiersprachen nicht direkt ansprechbar, müssten durch aufwändige prozessornahe Implementierungen realisiert werden und spielen deshalb heute *praktisch* kaum eine Rolle. Der Ansatz ist aber theoretisch interessant, da er exemplarisch das Potenzial aufzeigt, das mit Implementierungen in gut ausgewählten Datenstrukturen *zusätzlich* gehoben werden kann. In der folgenden MAXIMA-Demonstration des Ansatzes sind die Shiftoperationen als Multiplikation oder Division mit 2 simuliert.

```
rightshift(a):=if oddp(a) then (a-1)/2 else a/2;
leftshift(a):=2*a;
```

Das binäre Multiplizieren von zwei positiven ganzen Zahlen $a$ und $b$ kann dann wie folgt beschrieben werden.

```
binMult(a,b):=block([c:0],
  unless a=0 do (
    if oddp(a) then c:c+b,
    a:rightshift(a), b:leftshift(b)
  ),
  return(c)
);
```

Dabei wird $a$ ziffernweise nach rechts „herausgeschoben". Jedesmal, wenn die letzte Ziffer 1 beträgt, wird ein entsprechend skaliertes $b$ zum Akkumulator $c$ hinzugezählt. Der praktische Geschwindigkeitszuwachs durch eine prozessornahe Implementierung ist durchaus bemerkbar, allerdings ist die Komplexität im schlechtesten Fall ebenfalls von der Größenordnung $O(l(a)\,l(b))$, da im schlechtesten Fall $l(a)$ Additionen von je zwei Zahlen der Länge $l(b)$ ausgeführt werden müssen.

## 3.6 Division mit Rest

Das prinzipielle Schema der schriftlichen Division mit Rest lässt sich wie folgt darstellen:

# Die Langzahlarithmetik und deren Komplexität

```
Divmod(a,b):=block([q:0,r:a],
  while r ≥ b do (
    Errate die nächste Ziffer $q_i$ des Quotienten
    q:q + $(q_i\beta^i)$,
    r:r - $(q_i\beta^i)$ · b
  ),
  return([q,r])
);
```

Zu Beginn und nach jedem Durchlauf der while-Schleife gilt $a = q \cdot b + r$. In der Tat, ist $q' = q + (q_i\beta^i)$ und $r' = r - (q_i\beta^i) \cdot b$, so folgt

$$q' \cdot b + r' = \bigl(q + (q_i\beta^i)\bigr) \cdot b + \bigl(r - (q_i\beta^i) \cdot b\bigr) = q \cdot b + r\,.$$

Da sich $r$ in jedem Durchlauf verringert, wird die Schleife nach endlicher Zeit verlassen, und am Ende gilt $a = q \cdot b + r$ und $0 \leq r < b$, wie im Satz von der Division mit Rest gefordert.

Die beim Ziffernraten auftretenden Probleme und deren Lösung in konstanter Zeit können hier nicht näher dargestellt werden.

Für den Berechnungsaufwand ergeben sich aus den entsprechenden (klassischen) Aufwandsschätzungen für die Multiplikation folgende Abschätzungen:

**Länge:** Wegen $a = q \cdot b + r$ und $0 \leq r < b$ ergibt sich für die Länge des Quotienten $l(q) \leq l(a) - l(b) + 1$ und für den Rest $l(r) \leq l(b)$.

**Komplexität:** Es gilt $C_{\text{Divmod}}(a,b) \sim l(q) \cdot l(b)$, denn der Hauptaufwand entsteht beim Berechnen der $l(q)$ Zwischenprodukte $(q_i\beta^i) \cdot b$ mit Dmult.

Der Aufwand der Berechnung von $(q,r)$ ist also von derselben Größe wie der Aufwand, der für die Nachprüfung der Beziehung $a = q \cdot b + r$ erforderlich ist.

## 3.7 Berechnung des größten gemeinsamen Teilers

Wie bereits in Kapitel 2 ausgeführt, kann der größte gemeinsame Teiler als Folge von Divisionen mit Rest mit dem *Euklidischen Algorithmus* berechnet werden. Wir wollen nun Überlegungen zur Komplexität dieses Algorithmus ergänzen.

Für zwei positive ganze Zahlen $r_0 = a$ und $r_1 = b$ können wir die Folge der Reste im Euklidischen Algorithmus in der Form

$$r_{i-1} = q_i\, r_i + r_{i+1}$$

für $i = 1, \ldots, m$ aufschreiben, wobei $r_m = \gcd(a, b)$ der letzte nicht verschwindende Rest ist, also $r_{m+1} = 0$ gilt. Es werden insgesamt $m$ Divisionen mit Rest ausgeführt, die allerdings je nach Größe von $q_i$ verschiedene Kosten verursachen. Andererseits führen „teure" Divisionen zu einer „größeren" Verkleinerung des verbleibenden Rests, wie bereits im Beispiel auf Seite 16 zu sehen war. Eine genauere Analyse führt zu folgendem Ergebnis:

**Satz 4** *Die Algorithmen* `Euklid` *und* `ExtendedEuklid` *haben eine Laufzeit in der Größenordnung*

$$C_{gcd}(a,b) \sim l(a)\, l(b)\,.$$

*Beweis:* Die Gesamtkosten dieser $m$ Divisionen mit Rest lassen sich grob mit

$$C \sim \sum_{i=1}^{m} l(q_i)\, l(r_i) \le l(r_1) \left( \sum_{i=1}^{m} l(q_i) \right)$$

nach oben abschätzen, da $r_1 > r_i$ für $i > 1$ gilt. Für die Länge der Quotienten gilt aber $l(q_i) = l(r_{i-1}) - l(r_i)$, womit die Summe in der Klammer durch $l(r_0) - l(r_m) \le l(a)$ abgeschätzt werden kann und sich unmittelbar $C \sim l(a)\, l(b)$ ergibt. □

# 4 Rechnen mit Resten

Oftmals muss für benötigte Informationen eine Zahl nicht komplett berechnet werden. So kann man etwa aus der Tatsache, dass ein Rest verschieden von null ist, bereits schlussfolgern, dass die zu untersuchende Zahl selbst auch verschieden von null ist. Aus der Kenntnis der Reste bei Division durch verschiedene Moduln kann man in vielen Fällen auch die Zahl selbst rekonstruieren, insbesondere, wenn man zusätzlich Informationen über deren Größe besitzt. Eine auf diesem Prinzip begründete Arithmetik bezeichnet man als *modulare Arithmetik*.

Da grundlegende Kenntnisse des Rechnens mit Resten auch für die weiteren Betrachtungen von Primtest- und Faktorisierungsverfahren wesentlich sind, wollen wir in diesem Kapitel zunächst zahlentheoretische Grundlagen zusammentragen, die über elementare Fakten des Modulo-Rechnens hinausgehen.

## 4.1 Ein Satz über endliche Mengen

Wir beginnen mit einer einfachen Beobachtung über endliche Mengen, die hier als Satz formuliert ist, den wir in den verschiedensten Kontexten immer wieder anwenden werden.

**Satz 5 (Fundamentalsatz über endliche Mengen)**
*Es sei $\phi : M_1 \to M_2$ eine Abbildung einer endlichen Menge $M_1$ in eine endliche Menge $M_2$, wobei $M_1$ und $M_2$ die gleiche Anzahl Elemente besitzen (also gleichmächtig sind). Dann gilt*

$$\phi \text{ ist injektiv, d.h. } \phi(x_1) = \phi(x_2) \Rightarrow x_1 = x_2\,, \tag{I}$$

*genau dann, wenn*

$$\phi \text{ ist surjektiv, d.h. } \forall\, y \in M_2 \, \exists\, x \in M_1 : y = \phi(x)\,. \tag{S}$$

Die Gleichwertigkeit dieser beiden Aussagen ist offensichtlich, denn

(I) heißt: jedes $y \in M_2$ hat *höchstens* ein Urbild, und

(S) heißt: jedes $y \in M_2$ hat *mindestens* ein Urbild.

In jedem der beiden Fälle ergibt sich aus der Gleichmächtigkeit, dass jedes $y \in M_2$ *genau* ein Urbild haben muss, die Abbildung $\phi$ also sogar *bijektiv* ist.

Dieser Satz gilt nicht für unendliche Mengen. So ist z. B. die Abbildung $\phi_1 : \mathbb{N} \to \mathbb{N}$ via $\phi_1(n) = 2\,n$ zwar injektiv, aber nicht surjektiv, die Abbildung $\phi_2 : \mathbb{N} \to \mathbb{N}$ via $\phi_2(n) = n$ div $10$ (Streichen der letzten Ziffer im Zehnersystem) ist surjektiv, aber nicht injektiv.

## 4.2 Der Restklassenring $\mathbb{Z}_m$

Zwei Zahlen $a, b \in \mathbb{Z}$ nennt man *kongruent modulo m* und schreibt $a \equiv b \pmod{m}$, wenn ihre Differenz durch $m$ teilbar ist, also bei Division durch $m$ der Rest 0 bleibt. So gilt $127 \equiv 1 \pmod 7$, aber ebenso $127 \equiv 8 \pmod 7$, denn in beiden Fällen ist die Differenz durch 7 teilbar.

Die eingeführte Relation ist eine Äquivalenzrelation, so dass wir die zugehörigen Äquivalenzklassen betrachten können, die als *Restklassen* bezeichnet werden. Die Restklasse modulo 7, in der sich die Zahl 1 befindet, besteht etwa aus den Zahlen

$$[1]_7 = \{\ldots, -13, -6, 1, 8, \ldots, 127, \ldots\} = \{7\,k+1 \mid k \in \mathbb{Z}\} \ .$$

Die Darstellungen $z \equiv 1 \pmod 7$, $7\,|(z-1)$, $z = 7\,k+1$ für ein $k \in \mathbb{Z}$, $z \in [1]_7$ und $[z]_7 = [1]_7$ sind also äquivalent zueinander. Wir werden diese unterschiedlichen Schreibweisen im Weiteren frei wechselnd verwenden. Die Menge der Restklassen modulo $m$ bezeichnen wir mit $\mathbb{Z}_m$.

# Rechnen mit Resten

## Prime Restklassen

Da Addition und Multiplikation ganzer Zahlen mit der Restklassenbildung verträglich sind, kann man eine Addition und eine Multiplikation auch für Restklassen definieren, so dass $\mathbb{Z}_m$ einen Ring bildet. Im Gegensatz zu $\mathbb{Z}$ kann es in diesem Ring aber Nullteiler geben. So gilt etwa $2 \not\equiv 0 \pmod{6}$ und $3 \not\equiv 0 \pmod{6}$, aber $2 \cdot 3 = 6 \equiv 0 \pmod{6}$.

In diesem Zusammenhang spielen prime Restklassen eine besondere Rolle. Eine Restklasse $[a]_m$ heißt *prim*, wenn ein (und damit jeder) Vertreter dieser Restklasse zu $m$ teilerfremd ist, wenn also $\gcd(a,m) = 1$ gilt. So sind etwa modulo 7 alle Restklassen verschieden von $[0]_7$ prim, modulo 8 dagegen nur die Restklassen $[1]_8, [3]_8, [5]_8$ und $[7]_8$ und modulo 6 gar nur die beiden Restklassen $[1]_6$ und $[5]_6$.

## Die Kürzungsregel

Prime Restklassen haben bzgl. der Multiplikation eine besondere Eigenschaft: Für eine prime Restklasse $[a]_m$ gilt die *Kürzungsregel*

$$a \cdot x \equiv a \cdot y \pmod{m} \;\Rightarrow\; x \equiv y \pmod{m},$$

wie sich sofort aus

$$m \,|\, (a\,x - a\,y) = a\,(x - y) \text{ und } \gcd(a,m) = 1$$

ergibt. Anders formuliert: Die Multiplikationsabbildung

$$m_a : \mathbb{Z}_m \to \mathbb{Z}_m \quad \text{via} \quad [x]_m \mapsto [a\,x]_m$$

ist injektiv und somit als Abbildung einer endlichen Menge auf sich selbst nach dem Fundamentalsatz über endliche Mengen auch surjektiv und sogar bijektiv.

## Inverse Restklassen

Aus der Surjektivität von $m_a$ für eine prime Restklasse $[a]_m$ folgt, dass insbesondere die Restklasse $[1]_m$ unter $m_a$ stets ein Urbild besitzt, so dass es stets ein (eindeutig bestimmtes) $[a']_m \in \mathbb{Z}_m$ mit

$$m_a([a']_m) = [a \cdot a']_m = [1]_m, \text{ also } a \cdot a' \equiv 1 \pmod{m}$$

gibt. $[a]_m$ ist also zugleich ein *invertierbares Element* des Ringes $\mathbb{Z}_m$ und $[a']_m$ das zu $[a]_m$ inverse Element. Umgekehrt überzeugt man sich, dass invertierbare Elemente prime Restklassen sein müssen. Die Menge der primen Restklassen fällt also mit der Gruppe der im Ring $\mathbb{Z}_m$ invertierbaren Elemente zusammen. Wir bezeichnen deshalb die Gruppe der primen Restklassen mit $\mathbb{Z}_m^*$.

Da $\mathbb{Z}_m$ endlich ist, ist es auch $\mathbb{Z}_m^*$. Die Anzahl $|\mathbb{Z}_m^*|$ der primen Restklassen modulo $m$ bezeichnen wir mit dem Symbol $\phi(m)$; die zugehörige Funktion in Abhängigkeit von $m$ ist die *Eulersche Phi-Funktion*. Eine Formel für $\phi(m)$ leiten wir weiter unten her.

Der Ring $\mathbb{Z}_m$ ist genau dann ein Körper, wenn $m$ eine Primzahl ist. Restklassenringe modulo Primzahlen in der Größe eines Computerworts spielen in modularen Rechnungen deshalb eine besondere Rolle.

## 4.3 Der Chinesische Restsatz

Für $m = m_1 \cdot \ldots \cdot m_n$ können wir die natürliche Abbildung

$$P: \mathbb{Z}_m \to \mathbb{Z}_{m_1} \times \ldots \times \mathbb{Z}_{m_n} \text{ mit } [x]_m \mapsto ([x]_{m_1}, \ldots, [x]_{m_n})$$

betrachten. So bildet zum Beispiel

$$P: \mathbb{Z}_{30} \to \mathbb{Z}_2 \times \mathbb{Z}_3 \times \mathbb{Z}_5$$

die Restklasse $[17]_{30}$ auf das Tripel $([1]_2, [2]_3, [2]_5)$ ab.

$\mathbb{Z}_{m_1} \times \ldots \times \mathbb{Z}_{m_n}$ bildet ebenfalls einen Ring, wenn wir Addition und Multiplikation komponentenweise definieren. $P$ ist dann eine operationstreue Abbildung zwischen diesen beiden Ringen, von der wir nun zeigen, unter welchen Umständen sie sogar ein Isomorphismus ist.

### Satz 6 (Chinesischer Restsatz)
*Die natürlichen Zahlen $m_1, m_2, \ldots, m_n$ seien paarweise teilerfremd und $m = m_1 \cdot \ldots \cdot m_n$ deren Produkt. Das System von Kongruenzen*

$$x \equiv x_1 \pmod{m_1}$$
$$\ldots$$
$$x \equiv x_n \pmod{m_n}$$

*hat für jede Wahl von $(x_1, \ldots, x_n) \in \mathbb{Z}^n$ genau eine Restklasse $x \pmod{m}$ als Lösung. Anders formuliert: Die natürliche Abbildung $P$ ist ein Ring-Isomorphismus.*

*Beweis:* Wegen der Gleichmächtigkeit von $\mathbb{Z}_{m_1} \times \ldots \times \mathbb{Z}_{m_n}$ und $\mathbb{Z}_m$ müssen wir mit Blick auf den Fundamentalsatz über endliche Mengen nur zeigen, dass $P$ injektiv ist. Für Ringe reduziert sich dieser Beweis darauf, zu zeigen, dass aus $P(x) = 0$ bereits $x = 0$ folgt.

Das aber ist in unserem Fall trivial, denn $x \equiv 0 \pmod{m_i}$ bedeutet $m_i \,|\, x$ für alle $i = 1, \ldots, m$ und wegen der Teilerfremdheit auch $m \,|\, x$, also $x \equiv 0 \pmod{m}$. □

### Berechnung der Eulerschen Phi-Funktion

Da mit $\gcd(x, m) = 1$ und $m_i \,|\, m$ auch $\gcd(x, m_i) = 1$ gilt, ist eine modulo $m$ prime Restklasse auch prim modulo $m_i$, so dass $P$ eine (operationstreue) Abbildung

$$P^* : \mathbb{Z}_m^* \to \mathbb{Z}_{m_1}^* \times \ldots \times \mathbb{Z}_{m_n}^*$$

der entsprechenden Gruppen primer Restklassen induziert.
Sind $m_1, \ldots, m_n$ paarweise teilerfremd, so ist $P^*$ wie $P$ eine bijektive Abbildung und es gilt

$$\phi(m) = \phi(m_1) \cdot \ldots \cdot \phi(m_n).$$

Ist insbesondere $m = p_1^{a_1} \ldots p_k^{a_k}$ die Primfaktorzerlegung von $m$, so sind die $m_i = p_i^{a_i}$ paarweise teilerfremd und die Voraussetzungen des Chinesischen Restsatzes erfüllt. Für Primzahlen $p$ gilt

$$\phi(p^a) = p^a - p^{a-1} = p^{a-1}(p-1) = p^a \left(1 - \frac{1}{p}\right), \quad (4.1)$$

denn unter den $p^a$ Restklassen sind genau die $p^{a-1}$ Vielfachen von $p$ nicht prim. Daraus ergibt sich die bekannte Formel

$$\phi(m) = m \prod_{p \in \mathbb{P},\, p \mid m} \left(1 - \frac{1}{p}\right) \quad (4.2)$$

für die Eulersche Phi-Funktion. Insbesondere sehen wir, dass für ungerade Primzahlen $p$ der Wert $\phi(p^a)$ stets eine gerade Zahl ist.

### Der Chinesische Restalgorithmus

Der Beweis des Chinesischen Restsatzes ist ein reiner Existenzbeweis und sagt nichts darüber aus, wie eine solche gemeinsame Restklasse $x \pmod{m}$ gefunden werden kann. Für Anwendungen des Satzes brauchen wir eine algorithmische Lösung, die dafür nicht alle Restklassen modulo $m$ prüfen

# Rechnen mit Resten

muss – die Laufzeit eines solchen Verfahrens wäre $O(m)$, also exponentiell in der Bitlänge von $m$ –, sondern bei vorgegebenen $(x_1, \ldots, x_n)$ die Lösung $x$ in akzeptabler Laufzeit findet.

Wir suchen folglich ein Verfahren

$$\mathtt{CRA}\left(\left[\,[x_1, m_1], [x_2, m_2], \ldots, [x_n, m_n]\,\right]\right) \;\to\; [x, m]\,,$$

das zu einer vorgegebenen Liste von $[x_i, m_i]$ mit paarweise teilerfremden Moduln $m_i$ die zugehörige Restklasse $[x]_m$ berechnet.

Betrachten wir diese Aufgabe zunächst an einem konkreten Beispiel. Gesucht ist eine Restklasse $x \pmod{30}$, für die

$$x \equiv 1 \pmod{2},\; x \equiv 2 \pmod{3} \text{ und } x \equiv 2 \pmod{5}$$

gilt. Wir setzen dazu $x = 5y + 2$ an wegen $x \equiv 2 \pmod 5$. Da außerdem noch $x = 5y + 2 \equiv 2 \pmod 3$ gilt, folgt $y \equiv 0 \pmod 3$, also $y = 3z$ und somit $x = 15z + 2$. Schließlich muss auch $x = 15z + 2 \equiv 1 \pmod 2$, also $z \equiv 1 \pmod 2$ gelten, d. h. $z = 2u + 1$ und somit $x = 30u + 17$. Wir erhalten als einzige Lösung $x \equiv 17 \pmod{30}$, also

$$\mathtt{CRA}\left(\left[[1, 2], [2, 3], [2, 5]\right]\right) = [17, 30]\,.$$

Dieses Vorgehen lässt sich zum folgenden *Newtonverfahren* verallgemeinern, dessen Grundidee darin besteht, ein Verfahren $\mathtt{CRA2}$ für zwei Argumente anzugeben und das allgemeine Problem darauf rekursiv zurückzuführen:

$$\begin{aligned}&\mathtt{CRA}\left(\left[\,[x_1, m_1], [x_2, m_2], \ldots, [x_n, m_n]\,\right]\right) \\ &\quad = \mathtt{CRA2}\left(\mathtt{CRA}\left(\left[\,[x_2, m_2], \ldots, [x_n, m_n]\,\right]\right), [x_1, m_1]\right)\,.\end{aligned}$$

Ist $[\overline{x}, \overline{m}] = \mathtt{CRA}\left(\left[\,[x_2, m_2], \ldots, [x_n, m_n]\,\right]\right)$ rekursiv berechnet, so muss $\mathtt{CRA2}$ nun

$$[x, m] = \mathtt{CRA2}\left([\overline{x}, \overline{m}], [x_1, m_1]\right)$$

bestimmen. Die erforderlichen Rechnungen ergeben sich unmittelbar aus den folgenden Überlegungen.

$$x \equiv \overline{x} \pmod{\overline{m}} \Rightarrow x = \overline{x} + c \cdot \overline{m},$$
$$x \equiv x_1 \pmod{m_1} \Rightarrow c \cdot \overline{m} \equiv x_1 - \overline{x} \pmod{m_1}.$$

Es gilt also $c \equiv \overline{m}' \cdot (x_1 - \overline{x}) \pmod{m_1}$, wobei alle Rechnungen in $\mathbb{Z}_{m_1}$ auszuführen sind und $\overline{m}'$ dort die zu $\overline{m}$ inverse Restklasse ist.

Die inverse Restklasse kann mit dem Erweiterten Euklidischen Algorithmus bestimmt werden, denn mit $1 = \gcd(a, m) = u a + v m$ folgt $u a \equiv 1 \pmod{m}$, also $[a']_m = [u]_m$. Diese Berechnung steht in der vordefinierten MAXIMA-Funktion inv_mod zur Verfügung, so dass sich CRA2 und CRA wie folgt ergeben:

```
CRA2(a,b):=block([c],
  c:mod((b[1]-a[1])*inv_mod(a[2],b[2]),b[2]),
  return([a[1]+c*a[2],a[2]*b[2]])
);

CRA(l):=if length(l)<2 then first(l)
  elseif length(l)=2 then CRA2(l[1],l[2])
  else CRA2(CRA(rest(l)),first(l));
```

*Aufgabe 3:* Bestimmen Sie CRA2($[5, 13], [2, 11]$).

*Lösung:* Wegen $1 = 6 \cdot 2 - 11$, also $13' \equiv 2' \equiv 6 \pmod{11}$ ergibt sich $c = (2-5) \cdot 6 \equiv 4 \pmod{11}$ und $x \equiv 5 + 4 \cdot 13 = 57 \pmod{143}$.

*Aufgabe 4:* Finden Sie eine Formel für die Berechnung der Restklasse $u = u(x, y, z) \pmod{1495}$ mit

$$u \equiv x \pmod 5, \ u \equiv y \pmod{13}, \ u \equiv z \pmod{23}.$$

# Rechnen mit Resten

**Kostenbetrachtungen**

Für die Einsatzsituation, dass alle Moduln $m_i$ die Größe eines Computerworts haben, also die Wortlänge 1, ist die Wortlänge von $m^{(i)} = m_1 \cdot \ldots \cdot m_i$ durch $l(m^{(i)}) \leq i$ und $m = m^{(n)}$ durch $l(m) \leq n$ beschränkt. Da die Länge des ersten Arguments in jedem Schritt der rekursiven Anwendung von `CRA` damit um höchstens 1 wächst, wollen wir bei der Analyse von `CRA2`$([\overline{x}, \overline{m}], [x_1, m_1])$ für die Längen der Moduln $l(\overline{m}) = k$, $l(m_1) = 1$ annehmen.

Als Kostenfaktoren sind zu berücksichtigen:

- Reduktionen der Zahlen der Länge $k$ auf deren Reste modulo $m_1$ durch `Ddivmod` mit Aufwand $O(k)$,
- Berechnung von $\overline{m}' \pmod{m_1}$ mit `ExtendedEuklid` und daraus $c \pmod{m_1}$ mit Aufwand $O(1)$,
- Zusammenbauen von $\overline{x} + c \cdot \overline{m}$ mit Aufwand $O(k)$.

Insgesamt ergibt sich $C_{\text{CRA2}} = O(k)$ und über alle Durchläufe $k = 1, \ldots, n$ schließlich $C_{\text{CRA}} = O(n^2)$.

## 4.4 Die Gruppe der primen Restklassen

Da Produkt- und Inversenbildung nicht aus der Menge herausführen, bilden die primen Restklassen $\mathbb{Z}_m^*$ eine *Gruppe* aus $\phi(m)$ Elementen. Aus allgemeinen Konzepten und Sätzen für Gruppen ergeben sich interessante zahlentheoretische Begriffe und Sätze als Folgerungen.

So bezeichnet man für ein Element $a \in G$ einer Gruppe $G$ die Mächtigkeit der von $a$ erzeugten Untergruppe

$$\langle a \rangle = \{\ldots, a^{-2}, a^{-1}, a^0, a, a^2, \ldots\} \subset G$$

als die *Ordnung* $d = ord(a)$ von $a$.

Im Falle endlicher Gruppen ist diese Ordnung immer endlich und es gilt

$$\langle a \rangle = \{1 = a^0, a, a^2, \ldots, a^{d-1}\} \text{ und}$$
$$d = \text{ord}(a) = \min\{n > 0 : a^n = 1\}.$$

Weiter gilt $a^n = 1 \Leftrightarrow d \,|\, n$. Dies ist eine unmittelbare Folgerung aus dem folgenden Satz von Lagrange [2, Satz 7.1].

**Satz 7 (Satz von Lagrange)** *Ist $H$ eine Untergruppe von $G$, so ist $|H|$ ein Teiler von $|G|$.*

Insbesondere ist also die Gruppenordnung $N = |G|$ durch die Ordnung $d = \text{ord}(a)$ jedes Elements $a \in G$ teilbar und es gilt stets $a^N = 1$.

Für die Gruppe der primen Restklassen ergibt sich daraus der Satz von Euler [2, Satz 7.5].

**Satz 8 (Satz von Euler)**
*Sind $a$ und $m$ teilerfremd, so gilt $a^{\phi(m)} \equiv 1 \pmod{m}$.*

Ein Spezialfall dieses Satzes ist der kleine Satz von Fermat [2, Satz 7.4].

**Satz 9 (Kleiner Satz von Fermat)**
*Für eine Primzahl $m$ und $1 < a < m$ gilt $a^{m-1} \equiv 1 \pmod{m}$.*

Sind $m_1, m_2, \ldots, m_n$ paarweise teilerfremd und $m = m_1 \cdot \ldots \cdot m_n$ deren Produkt, so induziert $P$ einen Gruppenisomorphismus

$$P^* : \mathbb{Z}_m^* \longrightarrow \mathbb{Z}_{m_1}^* \times \ldots \times \mathbb{Z}_{m_n}^*.$$

Auf der Basis dieses Isomorphismus $P^*$ kann man auch den Satz von Euler verfeinern: Da mit $x^{\phi(m_i)} \equiv 1 \pmod{m_i}$ auch für jedes Vielfache $c$ von $m_i$ die Beziehung $x^c \equiv 1 \pmod{m_i}$

*Rechnen mit Resten* 39

gilt, erhalten wir für $c = \text{lcm}(\phi(m_1),\ldots,\phi(m_n))$, dass $x^c \equiv 1 \pmod{m_i}$ für alle $i = 1,\ldots,n$, also nach dem Chinesischen Restsatz sogar $x^c \equiv 1 \pmod{m}$ gilt. Wir haben damit den folgenden Satz bewiesen:

**Satz 10 (Satz von Carmichael)**
*Ist $m = p_1^{a_1} \cdot \ldots \cdot p_k^{a_k}$ die Primfaktorzerlegung von $m$, so gilt für $a \in \mathbb{Z}_m^*$ sogar*

$$a^{\psi(m)} \equiv 1 \pmod{m}$$

*mit*

$$\psi(m) = \text{lcm}\left(p_1^{a_1-1}(p_1-1),\ldots,p_k^{a_k-1}(p_k-1)\right).$$

Die Zahl $\psi(m)$ bezeichnet man auch als den *Carmichael-Exponenten* von $m$. Sie ist ein Teiler von $\phi(m)$ und für zusammengesetzte Zahlen $m$ oft deutlich kleiner als $\phi(m)$, wie das folgende Beispiel zeigt.

*Beispiel:* Für $m = 561 = 3 \cdot 11 \cdot 17$ gilt $\phi(m) = 2 \cdot 10 \cdot 16 = 320$, aber $\psi(m) = \text{lcm}(2, 10, 16) = 80$.

Dieses Ergebnis ist zugleich ziemlich optimal. Für eine Gruppe $G$ bezeichnet man

$$\exp(G) = \max\left(\text{ord}(g) \,:\, g \in G\right)$$

als *Exponente* der Gruppe. Nach dem Satz von Lagrange ist $\exp(G)$ stets ein Teiler von $|G|$, und Gleichheit tritt genau für *zyklische* Gruppen ein, d. h. Gruppen $G = \langle a \rangle$, die sich von einem Element $a \in G$ erzeugen lassen. Für $\mathbb{Z}_m^*$ gilt der folgende Satz:

**Satz 11** *Für ungerades $m$ ist $\psi(m) = \exp\left(\mathbb{Z}_m^*\right)$.*

# 5 Primzahl-Testverfahren

## 5.1 Primtest durch Probedivision

Ist eine große ganze Zahl $m$ der Länge $l = l(m)$ gegeben, so ist in vielen Fällen einfach zu erkennen, dass es sich um eine zusammengesetzte Zahl handelt. So sind z. B. 50 % aller Zahlen gerade. Eine Probedivision durch die vier Primzahlen kleiner als 10 erkennt bereits 77 % aller Zahlen als zusammengesetzt. Übrig bleibt eine Grauzone möglicher Kandidaten von Primzahlen, für die ein aufwändigeres Verfahren herangezogen werden muss, um die Primzahleigenschaft auch wirklich zu beweisen.

Ein erstes solches Verfahren ist die *Methode der Probedivision*, die sich in MAXIMA wie folgt umsetzen lässt:

```
primeTestByTrialDivision(m):=
block([z:2,l:true],
  if (m<3) then return(is(m=2)),
  while z*z<=m and l do
    if mod(m,z)=0 then l:false,
  return(l)
);
```

Da der kleinste Teiler $z$ einer zusammengesetzten Zahl $m$ höchstens gleich $\sqrt{m}$ sein kann, können wir die Probedivisionen abbrechen, sobald $z^2 > m$ ist. Die while-Schleife wird mit $l = $ false abgebrochen, wenn eine Probedivision aufgeht. Geht keine der Probedivisionen auf, so gilt am Ende noch immer $l = $ true wie in der Initialisierung gesetzt. is(...) erzwingt die boolesche Auswertung, die von CAS generell nur zögerlich vorgenommen wird.

Prüfen wir am Anfang separat, ob $m$ durch 2 oder 3 teilbar ist, so können wir die Anzahl der Probedivisionen auf $\frac{1}{3}$ reduzieren, da wir für $z$ die Vielfachen von 2 und 3 auslassen können:

```
primeTestByTrialDivision1(m):=
block([z:5,l:true],
  if (m<2) then return(false),
  if mod(m,2)=0 then return(is(m=2)),
  if mod(m,3)=0 then return(is(m=3)),
  while z*z<=m and l do (
     if is(mod(m,z)=0) then l:false,
     if is(mod(m,z+2)=0) then l:false,
     z:z+6
  ),
  return(l)
);
```

Der Aufwand für dieses Verfahren ist am größten, wenn $m$ eine Primzahl ist, d. h. wirklich alle Tests bis zum Ende durchgeführt werden müssen. Die Laufzeit ist dabei von der Größenordnung $O(\sqrt{m}) = 2^{O(l)}$, also exponentiell in der Bitlänge $l = l(m)$ der zu untersuchenden Zahl.

Die Rechenzeit praktischer Untersuchungen kann in MAXIMA mit eingeschaltetem Timer `showtime:true` oder aber nach folgendem Muster auch für mehrere Rechnungen innerhalb einer einzigen Anweisung verfolgt werden.

```
getTime(A):=block([t:elapsed_run_time(),u],
  u:apply(first(A),rest(A)),
  [u,elapsed_run_time()-t]
);
```

```
l:map(lambda([u],next_prime(10^u)),[9,10,11,12]);
map(lambda([u],
    getTime([primeTestByTrialDivision,u])),l);
```

$l$ ist dabei eine Liste von vier Primzahlen mit 9 bis 12 Stellen.

Die Ausgabe

[[true, 0.7], [true, 2.43], [true, 7.57], [true, 24.44]]

auf einem Laptop mittlerer Leistung zeigt dabei schon das exponentielle Wachstum in Bezug auf die Stellenzahl. Setzt man `primeTestByTrialDivision1` ein, so kann man auch die Laufzeitersparnis von etwa $\frac{2}{3}$ gut beobachten.

Das Verfahren der Probedivision liefert uns für eine zusammengesetzte Zahl neben der Antwort auch einen Faktor, so dass eine rekursive Anwendung nicht nur die Primzahleigenschaft prüfen kann, sondern für Faktorisierungen geeignet ist. Experimente mit CAS legen allerdings die Vermutung nahe, dass Faktorisieren um Größenordnungen schwieriger ist als der reine Primzahltest. Gleichwohl setzen CAS den Test mit Probedivision für eine Liste von kleinen Primzahlen als Vortest ein, um die aufwändigeren Verfahren nur für solche Zahlen anzuwenden, die „nicht offensichtlich" zusammengesetzt sind.

In der folgenden MAXIMA-Funktion kann `smallPrimes` als Liste aller „kleinen" Primzahlen leicht erweitert werden:

```
smallPrimesTest(m):=
block([i,smallPrimes,l:unknown],
  smallPrimes:[2,3,5,7,11,13,17,19,23,29],
  if (m<2) then return(false),
  for i in smallPrimes while l=unknown do
    if mod(m,i)= 0 then l:is(m=i),
  return(l)
);
```

In dieser Prozedurdefinition wird eine dreiwertige Logik eingeführt, die neben den (sicheren) Wahrheitswerten `true` und `false` auch noch die Möglichkeit `unknown` erlaubt für den Fall, dass über $m$ noch keine Aussage getroffen werden konnte.

*Aufgabe 5:* Wie groß ist der Anteil der Zahlen, die `smallPrimesTest` als zusammengesetzt erkennt?

## 5.2 Der Fermat-Test

Ein Verfahren, mit dem zusammengesetzte Zahlen sicher erkannt werden können, das nicht auf Faktorzerlegungen beruht, ist der *Fermat-Test*. Dieser Test beruht auf der folgenden Umkehrung des Kleinen Satzes von Fermat:

**Satz 12** *Gibt es eine ganze Zahl $a$ mit $1 < a < m$, für welche $a^{m-1} \not\equiv 1 \pmod{m}$ gilt, so kann $m$ keine Primzahl sein.*

Eine Realisierung in MAXIMA hätte etwa folgende Gestalt:

```
FermatTest(m,a):=is(power_mod(a,m-1,m)=1);
```

Gibt `FermatTest`$(m, a)$ für eine Basis $a \in \mathbb{Z}_m^*$ den Wert `false` zurück, gilt also $a^{m-1} \not\equiv 1 \pmod{m}$, so wissen wir nach obigem Satz, dass $m$ garantiert eine zusammengesetzte Zahl ist, ohne allerdings daraus Informationen über einen Teiler von $m$ gewinnen zu können. Die Basis $a$ bezeichnet man in diesem Fall auch als *Fermat-Zeugen* (witness) dafür, dass $m$ zusammengesetzt ist.

Vor einer genaueren Analyse der Alternativen bei der Rückgabe `true` wollen wir die Kosten des Verfahrens betrachten.

### Binäres Potenzieren

Es sei dazu wieder $l = l(m)$ die Wortlänge der zu untersuchenden Zahl $m$. Wählen wir $a$ zufällig, so ist $l$ auch eine Schranke für die Wortlänge der Zahl $a$, und jede Multiplikation $a \cdot a \pmod{m}$ in $\mathbb{Z}_m$ verursacht im klassischen Ansatz Kosten der Ordnung $O(l^2)$.

Wie teuer ist nun die Berechnung von $a^{m-1} \pmod{m}$? Führten wir dazu wirklich $m-1$ Multiplikationen aus, so wären die Kosten von der Größenordnung $O(m \cdot l^2)$, also exponentiell in

$l$, und gegenüber der Probedivision wäre nichts gewonnen. Allerdings gibt es ein Verfahren zur Berechnung von $a^n$, das mit $O(\ln(n))$ Multiplikationen auskommt. Dieses *binäre Potenzieren* kann für Rechnungen in $\mathbb{Z}_m$ wie folgt umgesetzt werden:

```
binPower(a,n,m):=block([p:1],
  unless n=0 do (
    if oddp(n) then p:mod(p*a,m),
    a:mod(a*a,m), n:rightshift(n)
  ),
  return(p)
);
```

*Beweis:* Die Korrektheit des Verfahrens ergibt sich daraus, dass nach jedem Schleifendurchlauf $p \cdot a^n \pmod{m}$ denselben Wert annimmt, also eine Schleifeninvariante ist. Sind $p', a', n'$ die Werte der Variablen am Ende der Schleife, so sind zwei Fälle zu unterscheiden:

*Fall 1:* $n$ ist ungerade. Dann gilt $p' = p \cdot a \pmod{m}$, $a' = a \cdot a \pmod{m}$, $n' = \frac{1}{2}(n-1)$ und damit $p' \cdot a'^{n'} = (p \cdot a) \cdot a^{n-1} = p \cdot a^n \pmod{m}$.

*Fall 2:* $n$ ist gerade. Dann gilt $p' = p$, $a' = a \cdot a \pmod{m}$, $n' = \frac{1}{2}n$ und damit $p' \cdot a'^{n'} = p \cdot a^n \pmod{m}$.

Folglich terminiert das Verfahren nach genau $l(n)$ Schleifendurchläufen mit $n' = 0$ und $p = a^n \pmod{m}$. □

*Aufgabe 6:* Auf welche Ziffern endet die Zahl $2^{100}$?

*Lösung:* Berechne `binPower(2, 100, 10^7)`, um die letzten 7 Ziffern 3205376 der Potenz zu bestimmen.

Mit diesem binären Potenzieren sind die Kosten des Fermat-Tests von der Größenordnung $O(l^3)$, also polynomial in der Bitlänge der zu untersuchenden Zahl.

## 5.3 Der Las-Vegas-Ansatz

Der Fermat-Test gibt uns nur ein garantiertes Kriterium für zusammengesetzte Zahlen. Falls $a^{m-1} \equiv 1 \pmod{m}$ gilt, muss $m$ nicht prim sein. Es reicht aus, dass $\text{ord}(a) \mid m - 1$ gilt, $a$ also „unglücklich" gewählt war. Eine Zahl $m$, die den Fermat-Test mit der Basis $a$ besteht, bezeichnet man deshalb auch als *Pseudoprimzahl zur Basis a*.

Wir können den Test mit einer anderen Basis $a$ wiederholen, in der Hoffnung, dass sich ein zusammengesetztes $m$ dann als solches erweist. Für einen derartigen *Las-Vegas-Ansatz* ergeben sich folgende Alternativen:

> Mache den Fermat-Test für $c$ verschiedene (zufällig gewählte) Basen $a_1, \ldots, a_c$.
>
> Ist einmal $a_i^{m-1} \not\equiv 1 \pmod{m}$, so ist $m$ garantiert eine zusammengesetzte Zahl und die Basis $a$ ein *Fermat-Zeuge*, dass $m$ zusammengesetzt ist.
>
> Ist stets $a_i^{m-1} \equiv 1 \pmod{m}$, so ist $m$ wahrscheinlich (hoffentlich mit großer Wahrscheinlichkeit) eine Primzahl.

Dieses Schema funktioniert allgemein für Tests $\text{Test}(m, a)$, die für Probewerte $a$ eine solche Alternative zurückliefern. Wir formulieren es deshalb gleich in dieser Allgemeinheit in MAXIMA:

```
LasVegas(Test,m,c):=block([a,i,l:true],
  for i:1 thru c while (l#false) do
    (a:random(m), l:Test(m,a)),
  return(l)
);
```

Ist $a$ zufällig keine prime Restklasse, dann ist $m$ zusammengesetzt. Dieser (sehr selten auftretende) Fall kann durch eine

Berechnung von gcd($a, m$) (Kosten: $O(l^2)$, also noch billiger als ein Fermat-Test) vorab geprüft und abgefangen werden.

Der Las-Vegas-Test auf der Basis des Fermat-Tests lässt sich dann wie folgt anschreiben:

`FermatLasVegas(m,c):=LasVegas(FermatTest,m,c);`

Was können wir über die Wahrscheinlichkeit im unsicheren Zweig dieses Tests aussagen?

**Satz 13** *Die Menge*

$$P_m := \{a \in \mathbb{Z}_m^* : a^{m-1} \equiv 1 \pmod{m}\}$$

*der Restklassen modulo $m$, für die der Fermat-Test kein Ergebnis liefert, ist eine Untergruppe der Gruppe der primen Restklassen $\mathbb{Z}_m^*$.*

*Beweis:* Da mit $a, b \in P_m$ auch $a \cdot b^{-1} \in P_m$ gilt, folgt die Behauptung unmittelbar aus dem Untergruppenkriterium. □

Nach dem Satz von Lagrange ist somit $|P_m|$ ein Teiler von $\phi(m) = |\mathbb{Z}_m^*|$. Ist $m$ also zusammengesetzt und $P_m \neq \mathbb{Z}_m^*$, dann erkennt der Fermat-Test für eine zufällig gewählte Basis in wenigstens der Hälfte der Fälle, dass $m$ zusammengesetzt ist. In diesem Fall ist die Wahrscheinlichkeit, dass im unsicheren Zweig des Las-Vegas-Tests $m$ keine Primzahl ist, höchstens $2^{-c}$, also bei genügend vielen Tests verschwindend klein. Da die Wahrscheinlichkeit, dass aus diesen Gründen ein falsches Ergebnis zurückgeliefert wird, deutlich geringer ist als etwa das Auftreten von Hardware-Unregelmäßigkeiten, werden solche Zahlen auch als „industrietaugliche Primzahlen" (industrial grade primes) bezeichnet.

## 5.4 Carmichael-Zahlen

Ist andererseits $m$ eine zusammengesetzte Zahl und $P_m = \mathbb{Z}_m^*$, so kann `FermatTest`$(m, a)$ für $a \in \mathbb{Z}_m^*$ die Zahl $m$ prinzipiell nicht von einer Primzahl unterscheiden.

Gibt es solche Zahlen? Leider ja, z. B. die Zahl $m = 561 = 3 \cdot 11 \cdot 17$. Es gilt $\psi(m) = \mathrm{lcm}(2, 10, 16) = 80$ und somit nach dem Satz von Carmichael stets $a^{560} \equiv 1 \pmod{m}$ für $a \in \mathbb{Z}_m^*$. Zusammengesetzte Zahlen $m$, für welche $a^{m-1} \equiv 1 \pmod{m}$ für alle $a \in \mathbb{Z}_m^*$ ist, nennt man *Carmichael-Zahlen*.

**Satz 14** *Die ungerade zusammengesetzte Zahl $m$ ist genau dann eine Carmichael-Zahl, wenn $\psi(m)$ ein Teiler von $m-1$ ist. Solche Zahlen kann der Fermat-Test für $a \in \mathbb{Z}_m^*$ nicht von Primzahlen unterscheiden.*

Weitere Carmichael-Zahlen sind z. B. $1105 = 5 \cdot 13 \cdot 17$ und $1729 = 7 \cdot 13 \cdot 19$. Carmichael-Zahlen sind im Vergleich zu Primzahlen rar. So gibt es unter den Zahlen kleiner als $10^{15}$ nur etwa $10^5$ solche Zahlen. Andererseits ist bekannt, dass es unendlich viele Carmichael-Zahlen gibt und ihre Anzahl sogar exponentiell mit der Bitlänge von $x$ wächst. Mehr zu Carmichael-Zahlen siehe auch [2, Kap. 10].

*Aufgabe 7:* Zeigen Sie, dass $N = (6t+1)(12t+1)(18t+1)$ eine Carmichael-Zahl ist, wenn $6t+1, 12t+1$ und $18t+1$ Primzahlen sind, und finden Sie auf dieser Basis weitere Carmichael-Zahlen.

## 5.5 Der Rabin-Miller-Test

Ein Primzahltest ohne solche systematischen Ausnahmen beruht auf der folgenden Verfeinerung des Fermat-Tests: Für eine Primzahl $m$ und eine Basis $1 < a < m$ muss nicht nur

$a^{m-1} \equiv 1 \pmod{m}$ gelten, sondern sogar eine feinere Bedingung erfüllt sein.

Ist $m-1 = 2^t \cdot q$ die Zerlegung des Exponenten in eine Zweierpotenz und einen ungeraden Anteil $q$, so ergibt die Restklasse $b = a^q \pmod{m}$ nach $t$-maligem Quadrieren den Rest 1. Bezeichnet $u$ das Element in der Folge $b, b^2, b^4, b^8, \ldots, b^{2^t}$, für das erstmals $u^2 \equiv 1 \pmod{m}$ erfüllt ist, so muss $u \equiv -1 \pmod{m}$ gelten, wenn $m$ eine Primzahl ist. Ist dagegen $m$ keine Primzahl, so hat die Kongruenz $u^2 \equiv 1 \pmod{m}$ noch andere Lösungen.

In der Tat, gilt $m = p \cdot q$ für zwei teilerfremde Faktoren $p, q$, so gibt es nach dem chinesischen Restklassensatz eine Restklasse $v \pmod{m}$ mit $v \equiv 1 \pmod{p}$ und $v \equiv -1 \pmod{q}$, für welche also $v^2 \equiv 1 \pmod{m}$, aber $v \not\equiv \pm 1 \pmod{m}$ gilt.

Wählt man $a$ zufällig aus, so ist die Wahrscheinlichkeit groß, dass $u$ bei zusammengesetztem $m$ auf eine solche Restklasse trifft, d. h. $u \not\equiv -1 \pmod{m}$, aber $u^2 \equiv 1 \pmod{m}$ gilt. Verhält sich $m$ unter diesem verfeinerten Test bzgl. einer Basis $a$ wie eine Primzahl, so bezeichnet man $m$ auch als *strenge Pseudoprimzahl zur Basis $a$*.

*Beispiel:* Für die Carmichael-Zahl $m = 561$ und die Basis $a = 13$ gilt `FermatTest`$(m, a) = $ `true`, $m$ wird also nicht als zusammengesetzt erkannt. Der verfeinerte Test erkennt dagegen $m$ als zusammengesetze Zahl, denn es gilt $m - 1 = 2^4 \cdot 35$ und damit $q = 35$, $b = a^q \equiv 208 \pmod{561}$, $b^2 \equiv 67 \not\equiv -1 \pmod{561}$ und $b^4 \equiv 1 \pmod{561}$.

Eine genauere Analyse zeigt, dass die Wahrscheinlichkeit der Existenz einer primen Restklasse $u \not\equiv -1 \pmod{m}$ mit $u^2 \equiv 1 \pmod{m}$ für zusammengesetztes $m$ sogar wenigstens $\frac{3}{4}$ beträgt, d. h. ein Las-Vegas-Ansatz auf dieser Basis mit $c$ Durchläufen nur mit der Wahrscheinlichkeit $4^{-c}$ fehlerhaft antwortet. Diese Idee realisiert der folgende *Rabin-Miller-Test*.

# Primzahl-Testverfahren

```
RabinMillerTest(m,a):=
block([q:m-1,b,t:0,j,l:true],
  while mod(q,2)=0 do (q:q/2, t:t+1),
  /* Danach ist m - 1 = 2^t · q */
  b:power_mod(a,q,m),
  if (mod(b-1,m)=0) or (mod(b+1,m)=0)
    then return(unknown),
  /* keine Information, wenn b ≡ ±1 (mod m) */
  for j from 1 thru (t-1) while is(l=true) do (
    /* nun ist b ≢ ±1 (mod m) */
    b:mod(b*b,m),
    if (mod(b-1,m)=0) then l:false,
    if (mod(b+1,m)=0) then l:unknown),
  if is(l!=true) then return(l),
  return(false)
);
```

Zunächst wird $b \equiv a^q \pmod{m}$ berechnet. Ist bereits $b \equiv \pm 1 \pmod{m}$, so kann $m$ mit dieser Basis $a$ nicht als zusammengesetzt erkannt werden. Ansonsten quadrieren wir $b$ schrittweise:

(1) Erhalten wir den Rest 1, so war $b \not\equiv \pm 1 \pmod{m}$, aber $b^2 \equiv 1 \pmod{m}$, also ist $m$ garantiert nicht prim. Setze $l = $ `false`.

(2) Erhalten wir den Rest $-1$, so wird im nächsten Schritt $b^2 \equiv 1 \pmod{m}$, woraus wir jedoch kein Kapital schlagen können. Mit der gewählten Basis $a$ kann $m$ nicht als zusammengesetzt erkannt werden. Setze $l = $ `unknown`.

Wenn nach einem Schleifendurchlauf $l = $ `false` oder $l = $ `unknown` gilt, so können wir die Rechnung mit diesem Ergebnis beenden. Anderenfalls ist nach jedem Schleifendurchlauf $l = $ `true` und $b \not\equiv \pm 1 \pmod{m}$. Wegen $b^{2^t} \equiv a^{m-1} \pmod{m}$

kann das Quadrieren im Fall $l = \texttt{true}$ nach $(t-1)$ Schritten mit folgenden Alternativen abgebrochen werden: Entweder ist $b^2 \not\equiv 1 \pmod{m}$, also $m$ nicht prim nach dem Fermat-Test, oder es gilt $b^2 \equiv 1 \pmod{m}$, also ist $m$ nicht prim, da $b \not\equiv \pm 1 \pmod{m}$ war. In beiden Fällen ist $m$ garantiert zusammengesetzt.

Wird `false` zurückgegeben, so bezeichnet man die zugehörige Basis $a$ als *Rabin-Miller-Zeugen* dafür, dass $m$ zusammengesetzt ist.

**Satz 15** *Ist $m$ eine zusammengesetzte ungerade Zahl, so existiert für diese ein Rabin-Miller-Zeuge.*

*Beweis:* Es seien $m = m_1 \cdot m_2$ das Produkt zweier teilerfremder natürlicher Zahlen und $m - 1 = 2^t \cdot q$ wie oben. Nach dem Chinesischen Restsatz existiert eine Restklasse $a \in \mathbb{Z}_m^*$ mit $a \equiv 1 \pmod{m_1}$ und $a \equiv -1 \pmod{m_2}$. Dann gilt $a \equiv a^q \not\equiv \pm 1 \pmod{m}$, da auch $a^q \equiv 1 \pmod{m_1}$ und $a^q \equiv -1 \pmod{m_2}$ für die ungerade Zahl $q$ gilt. Andererseits ist $a^2 \equiv 1 \pmod{m}$ nach dem Chinesischen Restsatz und damit erst recht $a^{2q} \equiv 1 \pmod{m}$. $a$ ist also ein Rabin-Miller-Zeuge für $m$. □

`RabinMillerTest` lässt sich wieder in einen Las-Vegas-Ansatz einbinden:

```
RabinMillerLasVegas(m,c):=
  LasVegas(RabinMillerTest,m,c);
```

**Satz 16** *`RabinMillerLasVegas` liefert für eine Zahl $m \in \mathbb{N}$ nach $c$ Durchläufen die Information, dass $m$ entweder garantiert zusammengesetzt oder wahrscheinlich prim ist.*

*Lautet die Antwort „$m$ ist prim", so ist die Wahrscheinlichkeit dafür, dass $m$ dennoch zusammengesetzt ist, kleiner als $4^{-c}$.*

Die Laufzeit des Rabin-Miller-Tests ist für eine Zahl $m$ der Länge $l = l(m)$ wie die Laufzeit des Fermat-Tests von der Größenordnung $O(l^3)$.

## 5.6 Der Solovay-Strassen-Test

Eine andere Verfeinerung des Fermat-Tests beruht auf der Verwendung von quadratischen Resten. Im Folgenden sei $m$ stets eine ungerade Zahl.

$a \in \mathbb{Z}_m^*$ heißt *quadratischer Rest*, wenn es eine Restklasse $x \in \mathbb{Z}_m^*$ mit $x^2 \equiv a \pmod{m}$ gibt. Anderenfalls heißt $a$ *quadratischer Nichtrest*.

Wir führen die folgenden Mengenbezeichnungen ein:

$$Q = \left\{ a \in \mathbb{Z}_m^* : \exists x \in \mathbb{Z}_m^* \ (a \equiv x^2 \pmod{m}) \right\},$$
$$NQ = \mathbb{Z}_m^* \setminus Q.$$

**Satz 17** *Es gilt:*

*1) Für $a, b \in Q$ ist auch $a \cdot b \in Q$.*

*2) Für $a \in Q, b \in NQ$ ist $a \cdot b \in NQ$.*

*3) $|Q| \leq \frac{\phi(m)}{2}$, $|NQ| \geq \frac{\phi(m)}{2}$.*

*Beweis:*
1) Ist $a_1 \equiv x_1^2 \pmod{m}$, $a_2 \equiv x_2^2 \pmod{m}$, so ist $a_1 a_2 \equiv (x_1 x_2)^2 \pmod{m}$.
2) Ist $a_1 \equiv x_1^2 \pmod{m}$ und wäre $a_1 a_2 \equiv x^2 \pmod{m}$, so wäre $a_2 \equiv (x \, x_1')^2 \pmod{m}$.
3) $q : \mathbb{Z}_m^* \to \mathbb{Z}_m^*$ via $x \mapsto x^2$ ist (mindestens) eine 2-1-Abbildung. $\square$

Für eine Primzahl $m$ und $a \in \mathbb{Z}_m^*$ definieren wir das *Legendre-Symbol*

$$\left(\frac{a}{m}\right) = \begin{cases} +1, & \text{wenn } a \text{ ein quadratischer Rest ist,} \\ -1 & \text{sonst.} \end{cases}$$

**Satz 18** *Ist $m > 2$ eine Primzahl, so gilt:*

1. *Es gibt genau $\frac{m-1}{2}$ quadratische Reste und $\frac{m-1}{2}$ quadratische Nichtreste.*

2. *$\kappa : \mathbb{Z}_m^* \to \{+1, -1\}$ via $a \mapsto \left(\frac{a}{m}\right)$ ist ein Gruppenhomomorphismus.*

3. *$a^{\frac{m-1}{2}} \equiv \left(\frac{a}{m}\right) \pmod{m}$.*

*Beweis:*
1) Ist $m$ eine Primzahl, so folgt aus $x^2 \equiv y^2 \pmod{m}$ und damit $m \mid x^2 - y^2 = (x+y)(x-y)$, dass $m \mid x+y$ oder $m \mid x-y$ und damit $x \equiv \pm y \pmod{m}$ gilt. $q$ ist also *exakt* eine 2-1-Abbildung.

2) Abzählen zeigt, dass dann auch das Produkt zweier Nichtreste ein quadratischer Rest sein muss: Für $a_0 \in NQ$ liegen die $|Q| = \frac{m-1}{2}$ Produkte $a \cdot a_0$ mit $a \in Q$ alle in $NQ$, so dass die restlichen Produkte $a \cdot a_0$ mit $a \notin Q$ alle in $Q$ liegen müssen.

3) Es sei $x \equiv a^{\frac{m-1}{2}} \pmod{m}$. Wegen $x^2 \equiv 1 \pmod{m}$ gilt wie in 1) $x \equiv \pm 1 \pmod{m}$. Da $\mathbb{Z}_m^*$ zyklisch ist, gibt es eine Restklasse $a_0$ der Ordnung $m-1$, für die also $a_0^{\frac{m-1}{2}} \not\equiv 1 \pmod{m}$ ist. Dann gilt aber $(a \cdot a_0)^{\frac{m-1}{2}} \equiv -1 \pmod{m}$ für alle quadratischen Reste $a \in \mathbb{Z}_m^*$. Da $Q$ und $Q_1 = \{a \cdot a_0 : a \in Q\}$ je $\frac{m-1}{2}$ Elemente enthalten, ist gerade $Q_1 = NQ$. □

# Primzahl-Testverfahren

Die Definition des Legendre-Symbols kann man auf beliebige ungerade Zahlen $m = p_1^{a_1} \cdot \ldots \cdot p_k^{a_k}$ erweitern, indem man

$$\left(\frac{a}{m}\right) := \prod_i \left(\frac{a}{p_i}\right)^{a_i}$$

setzt. Diese Erweiterung bezeichnet man als *Jacobisymbol*.

$\kappa : \mathbb{Z}_m^* \to \{+1, -1\}$ ist offensichtlich auch in diesem Fall ein Gruppenhomomorphismus, allerdings kann man am Vorzeichen nicht mehr ablesen, ob es sich um einen quadratischen Rest handelt. So ist z. B.

$$\left(\frac{2}{15}\right) = \left(\frac{2}{3}\right)\left(\frac{2}{5}\right) = (-1)(-1) = +1,$$

aber 2 (mod 15) kein quadratischer Rest, weil ja bereits die Restklasse 2 (mod 3) kein quadratischer Rest ist.

*Aufgabe 8:* Zeigen Sie, dass für die ungerade Zahl $m = p_1^{a_1} \cdot \ldots \cdot p_k^{a_k}$ die Restklasse $a$ modulo $m$ genau dann ein quadratischer Rest ist, wenn $a$ modulo $p_i$ ein quadratischer Rest für jedes $i = 1, \ldots, k$ ist.

Ist also $m > 2$ eine Primzahl, so gilt stets

$$a^{\frac{m-1}{2}} \cdot \left(\frac{a}{m}\right) \equiv 1 \;(\text{mod } m).$$

Ist andererseits die ungerade Zahl $m$ keine Primzahl, so ist in der Regel $a^{m-1} \not\equiv 1 \;(\text{mod } m)$ und so erst recht

$$a^{\frac{m-1}{2}} \not\equiv \pm 1 \;(\text{mod } m).$$

Es stellt sich heraus, dass sich selbst für Carmichael-Zahlen $m$ stets eine prime Restklasse $a$ finden lässt, für die

$$a^{\frac{m-1}{2}} \cdot \left(\frac{a}{m}\right) \not\equiv 1 \;(\text{mod } m)$$

gilt. Da $f : a \mapsto a^{\frac{m-1}{2}} \cdot \left(\frac{a}{m}\right)$ ein Gruppenhomomorphismus ist, ist die Menge
$$P = \left\{ a \in \mathbb{Z}_m^* : a^{\frac{m-1}{2}} \cdot \left(\frac{a}{m}\right) \equiv 1 \pmod{m} \right\}$$
wieder eine Untergruppe von $\mathbb{Z}_m^*$. Damit liegt wenigstens die Hälfte der Restklassen nicht in $P$.

Zur Berechnung des Jacobisymbols: Für ungerade ganze Zahlen $m$ gilt
$$\left(\frac{ab}{m}\right) = \left(\frac{a}{m}\right)\left(\frac{b}{m}\right) \text{ für } a, b \in \mathbb{Z}_m^*. \tag{5.1}$$
$$\left(\frac{1}{m}\right) = 1, \quad \left(\frac{2}{m}\right) = (-1)^{\frac{m^2-1}{8}}, \quad \left(\frac{-1}{m}\right) = (-1)^{\frac{m-1}{2}}. \tag{5.2}$$

Eine zentrale Rolle zur Berechnung des Jacobisymbols spielt das von C. F. Gauß entdeckte quadratische Reziprozitätsgesetz
$$\left(\frac{p}{q}\right) = (-1)^{\frac{p-1}{2} \cdot \frac{q-1}{2}} \left(\frac{q}{p}\right), \tag{5.3}$$
das für ungerade teilerfremde Zahlen $p, q$ gilt. Der Beweis dieser Eigenschaften kann hier nicht geführt werden, siehe etwa [2, Kap. 11].

*Beispiel:* $12^2 = 144 \equiv 43 \pmod{101}$ ist ein quadratischer Rest. Wir erhalten mit (5.1) bis (5.3) nacheinander
$$\left(\frac{43}{101}\right) = +\left(\frac{101}{43}\right) = \left(\frac{15}{43}\right) = -\left(\frac{43}{15}\right) = -\left(\frac{13}{15}\right)$$
$$= -\left(\frac{15}{13}\right) = -\left(\frac{2}{13}\right) = -(-1)^{\frac{13^2-1}{8}} = +1.$$

Der Aufwand für die Berechnung des Werts eines Jacobisymbols für $a \in \mathbb{Z}_m^*$ ist wie der des Euklidischen Algorithmus von der Größenordnung $O(l(m)^2)$, also polynomial in der Bitlänge der zu untersuchenden Zahl $m$. MAXIMA stellt zur Berechnung die Funktion `jacobi` zur Verfügung.

# Primzahl-Testverfahren

Zusammenfassend erhalten wir damit den folgenden **Solovay-Strassen-Test**:

```
SolovayStrassenTest(m,a):=
  is(mod(power_mod(a,(m-1)/2,m)*jacobi(a,m),m)=1);
SolovayStrassenLasVegas(m,c):=
  LasVegas(SolovayStrassenTest,m,c);
```

Wie im Rabin-Miller-Test ist `SolovayStrassenLasVegas` ein echter Las-Vegas-Algorithmus, d. h. im Ergebnis des Tests von $c$ zufällig gewählten Restklassen $a_i$ können wir wieder folgende Aussagen treffen:

**Satz 19** *Der Algorithmus* `SolovayStrassenLasVegas` *liefert für eine ungerade Zahl* $m > 1$ *nach* $c$ *Durchläufen die Information, dass* $m$ *entweder garantiert zusammengesetzt oder wahrscheinlich prim ist.*

*Die Aussage „m ist prim" trifft mit einer Wahrscheinlichkeit kleiner als* $2^{-c}$ *nicht zu.*

# 6 Primzahl-Zertifikate

Allen bisherigen Tests haftet der Makel an, dass ein letzter Zweifel bleibt, ob es sich wirklich um Primzahlen handelt. Die vorgestellten Algorithmen sind für praktische Belange ausreichend, d. h. in Bereichen, in denen sie noch mit vertretbarem Zeitaufwand angewendet werden können, und sie sind auch in der Form in den verschiedenen CAS implementiert. Möchte man für gewisse Anwendungen sichergehen, dass es sich bei der untersuchten Zahl *garantiert* um eine Primzahl handelt, muss ein Verfahren angegeben werden, mit dem die Primzahleigenschaft der vorgegebenen Zahl sicher überprüft werden kann.

Für eine zusammengesetzte Zahl $m$ konnten wir als Beweis der Zusammengesetztheit etwa einen Fermat-Zeugen $a$ angeben und den Zweifler auffordern:

> Berechne $b \equiv a^{m-1} \pmod{m}$ und überzeuge dich, dass $b \not\equiv 1 \pmod{m}$ gilt, $m$ also nach dem kleinen Satz von Fermat keine Primzahl sein kann.

Diese Überprüfung kann mit polynomialem Aufwand in der Bitlänge $l = l(m)$ nachvollzogen werden.

## 6.1 Verifikation der Primzahleigenschaft

Zur Verifikation der Primzahleigenschaft einer gegebenen Zahl $m$ suchen wir ein ähnlich überzeugendes Verfahren, mit dem man sich aus der Angabe einer Reihe von Daten durch eine Rechnung in polynomialer Zeit davon überzeugen kann, dass $m$ in der Tat eine Primzahl ist. Dazu verwenden wir die folgende Charakterisierung von Primzahlen.

# Primzahl-Zertifikate

**Satz 20** *Die ungerade Zahl $m$ ist genau dann eine Primzahl, wenn $\mathbb{Z}_m^*$ eine zyklische Gruppe der Ordnung $m-1$ ist, d. h. wenn es ein Element $a \in \mathbb{Z}_m^*$ gibt, so dass $\operatorname{ord}(a) = m-1$ gilt.*

Die Gültigkeit dieser Aussage ergibt sich sofort daraus, dass im Fall einer zusammengesetzten Zahl $m$ stets $|\mathbb{Z}_m^*| < m-1$ gilt, während für Primzahlen $m$ die Gruppe $\mathbb{Z}_m^*$ in der Tat stets zyklisch ist.

Zur Verifikation der Primzahleigenschaft von $m$ muss also ein Element $a \in \mathbb{Z}_m^*$ angegeben werden, welches genau die Ordnung $\operatorname{ord}(a) = m-1$ hat. Wie so oft in der Informatik ist es schwierig, eine solche Restklasse zu finden, aber mit ein paar Zusatzinformationen ist es einfach, die Eigenschaft $\operatorname{ord}(a) = m-1$ zu prüfen; $a$ zusammen mit diesen Zusatzinformationen bezeichnet man deshalb als *Primzahl-Zertifikat* für $m$.

## 6.2 Primzahl-Zertifikate

Die Aussage $\operatorname{ord}(a) = m-1$ kann einfach überprüft werden, wenn die Primteiler der Zahl $m-1$ bekannt sind.

**Satz 21 (Satz von Lucas-Lehmer, 1876)**
*Für $a \in \mathbb{Z}_m^*$ gilt $\operatorname{ord}(a) = m-1$ genau dann, wenn einerseits $a^{m-1} \equiv 1 \pmod{m}$ ist und andererseits für alle Primteiler $p$ der Zahl $m-1$ die Relation $a^{\frac{m-1}{p}} \not\equiv 1 \pmod{m}$ erfüllt ist.*

*Beweis:* Die beiden Bedingungen sichern, dass $\operatorname{ord}(a)$ durch $m-1$, aber durch keinen Teiler von $m-1$ teilbar ist, also $\operatorname{ord}(a) = m-1$ sein muss. □

Ist $m$ selbst eine Primzahl, so lässt sich die Liste der Primteiler der Zahl $u = m-1$ oft schnell berechnen und kann in MAXIMA bestimmt werden als

# 58 H.-G. Gräbe: Algorithmen für Zahlen und Primzahlen

```
primeDivisors(u):=map(first,ifactors(u));
```

Betrachten wir als Beispiel die Primzahl $m = 55499821019$. Zur Bestimmung eines Primzahl-Zertifikats prüfen wir, dass die Voraussetzungen des Satzes für $a = 2$ erfüllt sind. Mit MAXIMA erhalten wir

```
m:55499821019;
u:primeDivisors(m-1);
```

$$[2,\ 17,\ 1447,\ 1128091]$$

```
map(lambda([p],is(power_mod(2,(m-1)/p,m)=1)),u);
```

$$[\text{false}, \text{false}, \text{false}, \text{false}]$$

```
is(power_mod(2,(m-1),m)=1);
```

true

Die Voraussetzungen des Satzes sind also erfüllt, so dass 2 die Gruppe $\mathbb{Z}_m^*$ erzeugt.

Oftmals ist allerdings für eine konkrete Restklasse $a$ die Beziehung $a^{\frac{m-1}{p}} \not\equiv 1 \pmod{m}$ nur für einige der Primfaktoren von $m - 1$ erfüllt, und es ist schwierig, eine Restklasse zu finden, die für *alle* Primteiler passt.

*Beispiel:*

```
m:20000000089;
u:primeDivisors(m-1);
```

$$[2,\ 3,\ 67,\ 1381979]$$

```
for a in [2,3,5,7,11,13,17,23,29] do print(a,
  map(lambda([p],is(power_mod(a,(m-1)/p,m)=1)),u));
```

|  |  |  |  |  |
|---|---|---|---|---|
| 2 | true | true | false | false |
| 3 | true | true | false | false |
|  |  | ... |  |  |
| 23 | true | false | false | false |
| 29 | false | false | false | false |

Erst für $a = 29$ gilt $a^{\frac{m-1}{p}} \not\equiv 1 \pmod{m}$ für *alle* Primteiler $p$ von $m$. Es stellt sich – mit Blick auf den Chinesischen Restsatz nicht verwunderlich – heraus, dass es genügt, für jeden Primteiler *seine* Restklasse $a$ zu finden, womit die Rechnungen in diesem Beispiel bereits für $a = 7$ beendet werden können.

**Satz 22** *Es seien $m$ eine Primzahl und $\{p_1, \ldots, p_k\}$ die (verschiedenen) Primfaktoren von $m - 1$. Dann gilt*

$$\exists a \in \mathbb{Z}_m^* \; \forall i \; \left( a^{\frac{m-1}{p_i}} \not\equiv 1 \pmod{m} \right)$$

*genau dann, wenn*

$$\forall i \; \exists a_i \in \mathbb{Z}_m^* \; \left( a_i^{\frac{m-1}{p_i}} \not\equiv 1 \pmod{m} \right),$$

*d. h. es gibt eine gemeinsame Basis für alle Primteiler von $m - 1$, wenn es für jeden Primteiler einzeln eine passende Basis gibt.*

*Aufgabe 9:* Beweisen Sie den Satz 22.

Zur Bestimmung eines Primzahl-Zertifikats für die primzahlverdächtige Zahl $m$ reicht es also aus, für jeden Teiler $p$ der Zahl $m-1$ in einer Liste von kleinen Zahlen eine solche Zahl $a_p$ zu finden, dass $a_p^{\frac{m-1}{p}} \not\equiv 1 \pmod{m}$ gilt. Dieses Verfahren wird in der folgenden MAXIMA-Funktion `certifyPrime` umgesetzt.

```
certifyPrime(m):=
block([u:[],v,p,a,l,l1:true],
  if not primep(m) then
    error(m," ist nicht prim"),
  v:primeDivisors(m-1),
  for p in v while is(l1=true) do (
    l:true,
    for a in [2,3,5,7,11,13,17,19,23] while l do
      if is(power_mod(a,(m-1)/p,m)#1) then
        (u:append([[p,a]],u), l:false),
    if l then l1:false
  ),
  if l1#true then
    error("Kein Zertifikat gefunden"),
  return(PZ(m,u))
);
```

$l_1$ wird dabei auf false gesetzt, wenn es einen Primteiler $p$ von $m - 1$ gibt, so dass $a^{\frac{m-1}{p}} \not\equiv 1 \pmod{m}$ für keine der Probebasen $a$ erfüllt ist. Theoretisch müsste auch noch $a^{m-1} \equiv 1 \pmod{m}$ geprüft werden, wir gehen jedoch davon aus, dass dies im Aufruf von primep(m) bereits erfolgt ist. Als Ergebnis wird ein Datenaggregat mit dem symbolischen Kopf PZ zurückgegeben, das als Parameter die Primzahl $m$ sowie eine Liste $u$ von Paaren $[p, a_p]$ zurückgibt, die jedem Primteiler $p \,|\, m - 1$ eine geeignete Probebasis zuordnet. Die Einführung von Datenaggregaten mit einem neuen symbolischen Kopf ist die in CAS übliche Art, syntaktische Datentypkonzepte umzusetzen.

Auf obiges Beispiel angewendet erhalten wir damit folgendes Zertifikat:

```
certifyPrime(m);
```

$\quad$ PZ$(20000000089, [[[1381979, 2], [67, 2], [3, 5], [2, 7]]])$.

# Primzahl-Zertifikate

Ein Anwender kann nun durch einfache Probedivision prüfen, ob die angegebenen Faktoren $p$ wirklich alle Primfaktoren von $m-1$ sind, und sich von $a_p^{\frac{m-1}{p}} \not\equiv 1 \pmod{m}$ durch Nachrechnen (Kosten jeweils $O(l^3)$ für $l = l(m)$) überzeugen.

Da bei der Faktorisierung von $m-1$ auch Pseudoprimzahltests verwendet werden, ist es sinnvoll, auch die (größeren) Faktoren von $m-1$ zu zertifizieren. Dies wird mit der folgenden rekursiven Prozedur `certifyPrime2` umgesetzt.

```
certifyPrime2(m):=block([u,v,w,z:[]],
  u:certifyPrime(m),
  z:append(z,[u]),
  v:sublist(
    map(first,part(u,2)),lambda([p],p>1000)),
  for w in v do z:append(z,certifyPrime2(w)),
  return(z)
);
```

$v$ ist dabei die Liste der Primfaktoren $p > 1000$ im letzten Zertifikat, die nun ihrerseits zertifiziert werden. Für unser Beispiel erhalten wir eine Liste von drei aufeinander aufbauenden Zertifikaten.

```
certifyPrime2(m);
```

$$[ \text{PZ}(20000000089, [[2,7],[3,5],[67,2],[1381979,2]]),$$
$$\text{PZ}(1381979, [[2,2],[13,2],[23,3],[2311,2]]),$$
$$\text{PZ}(2311, [[2,3],[3,2],[5,2],[7,2],[11,2]]) ]$$

# 7 Der Lucas-Test

Alle bisher betrachteten Primtestverfahren für positive ganze Zahlen $m$ ergaben sich in der einen oder anderen Weise als Verfeinerung des Fermat-Tests. Ein vollständiger Nachweis der Primzahleigenschaft nutzt Eigenschaften der Gruppe $\mathbb{Z}_m^*$ der primen Restklassen, wozu die Primfaktoren der Zahl $m-1$ bekannt sein müssen.

Eine solche Faktorisierung lässt sich zwar erstaunlich häufig bestimmen, aber nicht immer, so dass insbesondere für *Serien* von potenziellen Primzahlen wie die *Mersennezahlen*, die wir im nächsten Kapitel genauer besprechen werden, weitere Verfahren eingesetzt werden. Sie funktionieren nach einem ähnlichen Prinzip wie der Fermat-Test, ersetzen aber $\mathbb{Z}_m^*$ durch andere abelsche Gruppen $G_m$, die für primes $m$ ebenfalls bekannte Eigenschaften haben, deren Eintreten geprüft werden kann.

Als Beispiel für ein solches Verfahren wird in diesem Kapitel der Lucas-Test beschrieben, in dem eine abelsche Gruppe $G_m$ mit $m+1$ Elementen eine zentrale Rolle spielt, die im Fall einer Primzahl $m$ ebenfalls zyklisch sein muss.

Das Verfahren ist auch deshalb interessant, weil das im Weiteren beschriebene Zusammenspiel von quadratischen Erweiterungen, linearen Rekursionbeziehungen und arithmetischen Rechnungen mit zweireihigen Matrizen prototypisch ist für allgemeinere Verfahren auf der Basis von elliptischen Kurven, die weit über den in diesem Buch abgesteckten Rahmen hinausgehen.

## 7.1 Quadratische Erweiterungen

Nullstellen quadratischer Polynome hängen eng mit quadratischen Körper-Erweiterungen von $\mathbb{Q}$ zusammen. Es sei dazu

# Der Lucas-Test

$d \in \mathbb{Z}$ eine ungerade quadratfreie positive ganze Zahl und

$$K = \mathbb{Q}[\sqrt{d}] = \left\{a + b\sqrt{d} : a, b \in \mathbb{Q}\right\}$$

eine solche quadratische Körper-Erweiterung.

Jede Zahl $z = a + b\sqrt{d} \in K$ ist Nullstelle eines quadratischen Polynoms $f = x^2 - Px + Q \in \mathbb{Q}[x]$. Die andere Nullstelle dieses Polynoms ist die zu $z$ *konjugierte Zahl* $z' = a - b\sqrt{d}$, so dass $f = (x-z)(x-z')$ und damit

$$P = z + z' = 2a, \ Q = z \cdot z' = a^2 - b^2 d = N(z)$$
$$\text{sowie } D = P^2 - 4Q = 4b^2 d \tag{7.1}$$

gilt. Das Polynom $f$ ist also eindeutig bestimmt und wird als *charakteristisches Polynom* von $z$ bezeichnet.

Wir identifizieren im Weiteren $K$ mit der Menge

$$K = \{(a, b) : a, b \in \mathbb{Q}\}$$

von Paaren rationaler Zahlen, auf denen eine komponentenweise Addition und eine Multiplikation nach der Regel

$$(a, b) \cdot (a', b') = (a \cdot a' + b \cdot b' \cdot d, a \cdot b' + a' \cdot b) \tag{7.2}$$

definiert sind. $K$ ist mit diesen beiden Operationen ein Körper und die Abbildung $N : K \to \mathbb{Q}$ eine multiplikative Abbildung, d. h. es gilt $N(z_1 \cdot z_2) = N(z_1) \cdot N(z_2)$ und $N(1) = 1$, wie man leicht nachrechnet, wobei $1 = (1, 0)$ das Einselement in $K$ ist. $N$ bezeichnet man auch als die *Normabbildung*.

Ein Element $z \in K$ heißt *ganz*, wenn dessen charakteristisches Polynom ganzzahlige Koeffizienten besitzt. Wegen (7.1) ist dies nur möglich für

$$z = \frac{v + u\sqrt{d}}{2} \text{ mit } u, v \in \mathbb{Z}, u + v \text{ gerade}.$$

Ist $d \equiv 1 \pmod 4$, so sind alle Elemente dieser Form auch ganz. Für $d \equiv 3 \pmod 4$ folgt aus $4Q = u^2 - v^2 d$, dass $u$ und $v$ beide selbst gerade sein müssen. In jedem Fall gilt für ein solches ganzes Element mit (7.1)

$$P = v,\ Q = \frac{v^2 - u^2 d}{4} = N(z),\ D = P^2 - 4Q = u^2 d,$$

und diese Werte sind ganzzahlig. Die Menge der ganzen Elemente in $K$ bilden einen Ring $\mathfrak{O}$, den Ring der ganzen Elemente in $K$.

Mit $z = \frac{v+u\sqrt{d}}{2} \in \mathfrak{O}$ gilt auch $z' = \frac{v-u\sqrt{d}}{2} \in \mathfrak{O}$, so dass wir $u \geq 0$ und damit $z = \frac{v+\sqrt{D}}{2}$ annehmen können. Damit kann man die Potenzen $z^k$ eindeutig in der Form

$$z^k = \frac{V_k + U_k \sqrt{D}}{2} \tag{7.3}$$

darstellen, wobei $U_k = \frac{1}{\sqrt{D}}\left(z^k - z'^k\right)$ und $V_k = z^k + z'^k$ gilt. Es lässt sich leicht nachrechnen, dass die Folgen $U_k$ und $V_k$ die Rekursionsbeziehungen

$$\begin{aligned} U_{n+1} &= P\,U_n - Q\,U_{n-1}, \quad U_0 = 0,\ U_1 = 1 \\ V_{n+1} &= P\,V_n - Q\,V_{n-1}, \quad V_0 = 2,\ V_1 = P \end{aligned} \tag{7.4}$$

erfüllen und damit ganzzahlige Zahlenfolgen sind. Wir schreiben auch $U_k(z)$ und $V_k(z)$, wenn die Beziehung zu $z$ hervorgehoben werden soll.

## 7.2 Der Ring $\mathfrak{O}_m$

Für ungerades $m$ ist der Nenner 2 invertierbar, und wir können auf $\mathfrak{O}$ die Kongruenzrelation

$$z_1 = a_1 + b_1\sqrt{d} \equiv z_2 = a_2 + b_2\sqrt{d} \pmod m$$
$$\Leftrightarrow a_1 \equiv a_2 \pmod m \text{ und } b_1 \equiv b_2 \pmod m$$

und den Ring

$$\mathfrak{O}_m = \left\{ (v,u) \,\widehat{=}\, v + u\sqrt{d} \,:\, u, v \in \mathbb{Z}_m \right\}$$

mit komponentenweiser Addition und der Multiplikation nach der Regel (7.2) definieren[1].

Bestimmen wir zunächst in Analogie zu $\mathbb{Z}_m^*$ die Gruppe $\mathfrak{O}_m^*$ der invertierbaren Elemente dieses Rings. Die Norm $N$ induziert eine Normabbildung $N : \mathfrak{O}_m \to \mathbb{Z}_m$.

**Satz 23** *Es gilt* $\mathfrak{O}_m^* = N^{-1}(\mathbb{Z}_m^*)$.

*Beweis:* Ist $z = v + u\sqrt{d} \in \mathfrak{O}$ invertierbar modulo $m$ und $w \in \mathfrak{O}$ ein zu $z$ modulo $m$ inverses Element, so gilt $N(z \cdot w) = N(z) \cdot N(w) \equiv 1 \pmod{m}$, also $N(z) \in \mathbb{Z}_m^*$.

Ist umgekehrt $N(z)$ invertierbar modulo $m$, so rechnet man leicht nach, dass $w \equiv N(z)^{-1} \cdot (v - u\sqrt{d}) \pmod{m}$ zu $z$ modulo $m$ invers ist. □

$z \in \mathfrak{O}$ ist also genau dann invertierbar modulo $m$, wenn $Q = N(z)$ teilerfremd zu $m$ ist.

## 7.3 Lucas-Folgen

Es sei wie bisher $z = \frac{P + \sqrt{D}}{2} \in \mathfrak{O}$ mit dem charakteristischen Polynom $f = x^2 - Px + Q \in \mathbb{Z}[x]$. (7.4) beschreibt eine zweistufige lineare Rekursionsbeziehung

$$l_{i+1} = P \cdot l_i - Q \cdot l_{i-1}, \qquad (7.5)$$

durch welche die Folge $(l_i)_{i \geq 0}$ eindeutig bestimmt ist, wenn die beiden Startwerte $l_0$ und $l_1$ vorgegeben werden. Eine solche Folge wird als *Lucas-Folge* zu $z$ bezeichnet.

---

[1] Damit gilt stets $|\mathfrak{O}_m| = m^2$, unabhängig davon, ob $d$ modulo $m$ ein quadratischer Rest ist oder nicht.

Wir setzen im Weiteren voraus, dass die Startwerte $l_0$ und $l_1$ ganzzahlig sind. Aus der Rekursionsbeziehung (7.5) ergibt sich, dass dann auch alle weiteren Folgenglieder ganzzahlig sind. Die Werte der Folge $(l_i)_{i\geq 0}$ lassen sich über die Matrixbeziehung

$$\begin{pmatrix} l_{n+1} \\ l_n \end{pmatrix} = \begin{pmatrix} P & -Q \\ 1 & 0 \end{pmatrix} \begin{pmatrix} l_n \\ l_{n-1} \end{pmatrix},$$

also

$$\begin{pmatrix} l_{n+1} \\ l_n \end{pmatrix} = \begin{pmatrix} P & -Q \\ 1 & 0 \end{pmatrix}^n \begin{pmatrix} l_1 \\ l_0 \end{pmatrix},$$

effizient berechnen.

**Satz 24** *Für eine Lucas-Folge $(l_i)_{i\geq 0}$ mit ganzzahligen Startwerten $l_0$ und $l_1$ kann $l_n \pmod{m}$ mit binärem modularem Potenzieren von Matrizen in der Zeit $O(l(m)^2 \ln(n))$ berechnet werden.*

Dazu muss das binäre modulare Potenzieren auf Matrizen erweitert werden, was mit den folgenden MAXIMA-Funktionen umgesetzt wird.

```
rightshift(a):=if oddp(a) then (a-1)/2 else a/2;
binMatPower(A,n,m):=block([p,s:matrix_size(A)],
  if (first(s)-second(s)#0) then
    error ("Matrix muss quadratisch sein"),
  p:A^^0,
  unless n=0 do (
    if oddp(n) then p:mod(p.A,m),
    A:mod(A.A,m), n:rightshift(n)
  ),
  return(p)
);
```

*Der Lucas-Test* 67

Die folgende MAXIMA-Funktion berechnet dann $l_n \pmod{m}$ mit den oben angegebenen Kosten:

```
LucasFolge(P,Q,m,n,l1,l0):=block([M,u,v],
   M:matrix([P,-Q],[1,0]),
   u:matrix([l1],[l0]),
   v:binMatPower(M,n,m).u,
   mod(v[2,1],m)
);
```

Für die Lucas-Folgen (7.4) kann man die Reste $U_n \pmod{m}$ und $V_n \pmod{m}$ also effizient in der Laufzeit $O(l(m)^2 \ln(n))$ bestimmen:

```
LucasU(P,Q,m,n):=LucasFolge(P,Q,m,n,1,0);
LucasV(P,Q,m,n):=LucasFolge(P,Q,m,n,P,2);
```

## 7.4 Eigenschaften von Lucas-Folgen

Aus (7.3) und der binomischen Expansion der Gleichung

$$z^{m+n} = z^m \cdot z^n$$

ergeben sich eine Reihe nützlicher Beziehungen:

$$\begin{aligned} 2\,U_{m+n} &= U_m\,V_n + U_n\,V_m\,, \\ 2\,V_{m+n} &= V_m\,V_n + U_n\,U_m\,D \end{aligned} \tag{7.6}$$

und für $m = n$ insbesondere

$$U_{2n} = U_n\,V_n, \quad 2\,V_{2n} = V_n^2 + D\,U_n^2\,. \tag{7.7}$$

Aus $N(z^n) = Q^n$ ergibt sich weiterhin $4\,Q^n = V_n^2 - D\,U_n^2$ und zusammen mit (7.7)

$$V_n^2 = V_{2n} + 2\,Q^n\,. \tag{7.8}$$

Ist $p > 2$ eine Primzahl, so ergibt sich

$$\frac{V_{mp} + U_{mp}\sqrt{D}}{2} = z^{mp} = (z^m)^p = \left(\frac{V_m + U_m\sqrt{D}}{2}\right)^p$$

$$\equiv \frac{V_m^p + U_m^p D^{\frac{p-1}{2}}\sqrt{D}}{2^p} \equiv \frac{V_m + U_m\left(\frac{D}{p}\right)\sqrt{D}}{2} \pmod{p}$$

wegen $(x+y)^p \equiv x^p + y^p \pmod{p}$, wobei in der letzten Kongruenz $a^p \equiv a \pmod{p}$ für $a \in \mathbb{Z}$ nach dem kleinen Satz von Fermat und $D^{\frac{p-1}{2}} \equiv \left(\frac{D}{p}\right) \pmod{p}$ nach Satz 18 verwendet wurden. Daraus folgt

$$U_{mp} \equiv U_m \left(\frac{D}{p}\right) \pmod{p}, \quad V_{mp} \equiv V_m \pmod{p} \qquad (7.9)$$

und für $m = 1$

$$U_p \equiv \left(\frac{D}{p}\right) \pmod{p}, \quad V_p \equiv P \pmod{p}. \qquad (7.10)$$

Eigenschaft (7.10) kann ähnlich dem Fermat-Test als Basis für einen Las-Vegas-Primzahltest verwendet werden, wobei sich hier durch die Wahl von $P$ und $Q$ Adjustierungsmöglichkeiten ergeben:

```
LucasTest(P,Q,m):=block([d,e],
  d:P^2-4*Q, e:jacobi(d,m),
  if mod(LucasU(P,Q,m,m)-e,m)#0 then return(false),
  if mod(LucasV(P,Q,m,m)-P,m)#0 then return(false),
  return(unknown)
);
```

**Satz 25** *Eine ungerade ganze Zahl $m > 2$ ist garantiert zusammengesetzt, wenn für ein Paar $(P,Q)$ einer der beiden*

*Tests den Wert **false** liefert. Dieses Paar bezeichnet man auch als* Lucas-Zeugen *für m.*

*Lässt sich kein solcher Lucas-Zeuge finden, so ist m mit hoher Wahrscheinlichkeit prim.*

## 7.5 Lucas-Zertifikate und die Gruppe $G_m$

$\mathbb{Z}_m$ ist als Unterring der Elemente $z = v + u\sqrt{d}$ mit $u = 0$ in $\mathfrak{O}_m$ enthalten. Damit ist $\mathbb{Z}_m^*$ eine Untergruppe von $\mathfrak{O}_m^*$, und wir können die Faktorgruppe $G_m = \mathfrak{O}_m^*/\mathbb{Z}_m^*$ betrachten.

Ist $m$ prim und $d$ kein quadratischer Rest modulo $m$, also $\left(\frac{d}{m}\right) = -1$, so ist $\mathfrak{O}_m = Z_m[\sqrt{d}]$ ein zu $GF(m^2)$ isomorpher endlicher Körper, und $\mathfrak{O}_m^*$ besteht aus den $m^2 - 1$ Elementen von $\mathfrak{O}_m$, welche verschieden von null sind. $G_m$ ist dann eine zyklische Gruppe (wie $\mathfrak{O}_m^*$) der Ordnung $\frac{m^2-1}{m-1} = m + 1$.

Wir zeigen nun, dass die Existenz eines Elements $z \in G_m$ der Ordnung $m + 1$ im Fall $\left(\frac{d}{m}\right) = -1$ auch hinreichend für die Primzahleigenschaft von $m$ ist.

**Satz 26** *Es sei $m = p^e$ Potenz einer ungeraden Primzahl $p$ und $d$ nicht durch $p$ teilbar.*

*Ist $d$ kein quadratischer Rest modulo $p$, so gilt*

$$|G_m| = p^{e-1}(p+1) = m\left(1 + \frac{1}{p}\right).$$

*Ist $d$ ein quadratischer Rest modulo $p$, so gilt*

$$|G_m| = p^{e-1}(p-1) = m\left(1 - \frac{1}{p}\right).$$

*In jedem Fall ist $|G_m|$ eine gerade Zahl.*

*Beweis:* Nach Satz 23 sind genau diejenigen Elemente $z \in \mathfrak{O}$

mit $p \mid N(z)$ nicht invertierbar modulo $m$. Es gilt also
$$|\mathbb{O}_m^*| = p^{2e} - |\{z \in \mathbb{O}_m \ : \ p \mid N(z)\}| \ .$$

Zur zweiten Menge gehören wenigstens die $p^{2e-2}$ Elemente $z = v + u\sqrt{d} \in \mathbb{O}_m$ mit $u \equiv v \equiv 0 \pmod{p}$.

Ist $d$ kein quadratischer Rest modulo $p$, so sind das auch schon alle solchen Elemente, denn eine Lösung von $N(z) = v^2 - u^2 d \equiv 0 \pmod{p}$ mit $u, v \not\equiv 0 \pmod{p}$ führt zu einer Darstellung $d \equiv \left(u^{-1} v\right)^2 \pmod{p}$ als quadratischer Rest modulo $p$. Wir erhalten in diesem Fall
$$|\mathbb{O}_m^*| = p^{2e} - p^{2e-2} = p^{2e-2}\left(p^2 - 1\right) \ .$$

Ist $d$ ein quadratischer Rest modulo $p$ und $a^2 \equiv d \pmod{p}$, so gilt $N(v + u\sqrt{d}) = v^2 - u^2 d \equiv v^2 - (u \cdot a)^2 \equiv 0 \pmod{p}$ genau für $v \equiv \pm u \cdot a \pmod{p}$. Zusätzlich zu den bisher betrachteten Paaren gibt es für jedes der $p^e - p^{e-1}$ Elemente $u \pmod{m}$ mit $u \not\equiv 0 \pmod{p}$ also genau $2\, p^{e-1}$ Möglichkeiten der Auswahl von $v \pmod{m}$, so dass $N(z) \equiv 0 \pmod{p}$ gilt. Wir erhalten in diesem Fall
$$|\mathbb{O}_m^*| = p^{2e} - p^{2e-2} - 2\, p^{e-1}\left(p^e - p^{e-1}\right) = p^{2e-2}(p-1)^2 \ .$$

Die Aussage für $|G_m|$ ergibt sich jeweils nach Division durch $|\mathbb{Z}_m^*| = p^{e-1}(p-1)$. □

**Satz 27** *Es sei $m$ eine ungerade ganze Zahl mit $\gcd(d, m) = 1$ und $\left(\frac{d}{m}\right) = -1$. $m$ ist genau dann eine Primzahl, wenn $G_m$ eine zyklische Gruppe der Ordnung $m + 1$ ist.*

*Beweis:* Weiter oben hatten wir bereits gezeigt, dass für eine Primzahl $m$ die Gruppe $G_m$ zyklisch der Ordnung $m + 1$ ist. Ist $m$ eine reine Primzahlpotenz $m = p^e$ mit $e \geq 2$ und (folglich) $\left(\frac{d}{p}\right) = -1$, so ist $m + 1 = p^e + 1$ kein Teiler von

## Der Lucas-Test

$|G_m| = p^e + p^{e-1}$, und $G_m$ kann somit kein Element der Ordnung $m+1$ enthalten.

Ist $m = \prod_{i=1}^{t} p_i^{e_i}$ zusammengesetzt, so gilt zunächst $G_m \cong \prod_i G_{p_i^{e_i}}$, denn nach dem Chinesischen Restsatz gibt es Isomorphismen

$$\mathbb{O}_m^* \xrightarrow{\sim} \prod \mathbb{O}_{p_i^{e_i}}^* \text{ und } \mathbb{Z}_m^* \xrightarrow{\sim} \prod \mathbb{Z}_{p_i^{e_i}}^*.$$

Ähnlich wie im Satz von Carmichael ergibt sich damit

$$\exp(G_m) \mid \mathrm{lcm}\left( \left|G_{p_i^{e_i}}\right|, i = 1, \ldots, t \right).$$

Nun muss zwar nicht unbedingt $\left(\frac{d}{p_i}\right) = -1$ gelten, da aber alle $\left|G_{p_i^{e_i}}\right|$ gerade sind, wie im letzten Satz gezeigt, unterscheiden sich der kleinste gemeinsame Teiler und das Produkt dieser Zahlen wenigstens um einen Faktor $2^{t-1}$, was für $t \geq 2$ mit den Ergebnissen des letzten Satzes die Abschätzung

$$\exp(G_m) \leq \frac{2}{2^t} m \prod_i \left(1 + \frac{1}{p_i}\right) \leq 2\, m \left(\frac{2}{3}\right)^t < m$$

liefert. $G_m$ enthält also auch in diesem Fall kein Element der Ordnung $m+1$. □

In die Sprache der Lucas-Folgen von $z \in \mathbb{O}_m^*$ übertragen lauten diese Aussagen:

**Satz 28 (Lucas-Test und Lucas-Zertifikat)**
*Es sei $m$ eine ungerade positive ganze Zahl.*

*(1) Ist $m$ prim, so gilt $U_{m+1} \equiv 0 \pmod{m}$ für jede Lucas-U-Folge mit den Parametern $P$, $Q$ und $D = P^2 - 4Q$, für welche $\gcd(Q\,D, m) = 1$ und $\left(\frac{D}{m}\right) = -1$ erfüllt ist.*

*(2) Existiert eine Lucas-U-Folge mit den Parametern $P$, $Q$ und $D = P^2 - 4Q$, für welche $\gcd(QD, m) = 1$ und $\left(\frac{D}{m}\right) = -1$ erfüllt ist, und für welche neben $U_{m+1} \equiv 0 \pmod{m}$ weiter $U_{\frac{m+1}{p}} \not\equiv 0 \pmod{m}$ für alle Primteiler $p \mid (m+1)$ gilt, so ist $m$ prim.*

*Beweis:* Es sei $z = \frac{v + u\sqrt{d}}{2} = \frac{P + \sqrt{D}}{2} \in \mathbb{O}$ das zur Lucas-Folge gehörende ganze Element.

Wegen $\gcd(Q, m) = 1$ gilt $Q = N(z) \in \mathbb{Z}_m^*$, also $z \in \mathbb{O}_m^*$.

Wegen $z^k = \frac{V_k + U_k\sqrt{D}}{2}$ liegt $z^k$ genau dann in der Untergruppe $\mathbb{Z}_m^*$, wenn $U_k \equiv 0 \pmod{m}$ ist.

(1) besagt also, dass die Ordnung $\operatorname{ord}(z)$ von $z \in G_m$ ein Teiler von $m + 1$ ist und (2) besagt, dass $\operatorname{ord}(z) = m + 1$ gilt.

Wegen $D = u^2 d$ gilt überdies $\left(\frac{D}{m}\right) = \left(\frac{d}{m}\right)$. □

# 8 Primzahlrekorde

Es sind immer wieder Meldungen zu lesen, dass ein neuer Primzahlrekord aufgestellt worden sei. Natürlich geht es dabei nicht um die „größte Primzahl", denn davon gibt es bekanntlich unendlich viele, sondern um menschliche Leistungen und menschliche Leistungsfähigkeit, von einer möglichst großen Zahl $m$ exakt nachzuweisen, dass es sich um eine Primzahl handelt.

Wir hatten dazu verschiedene Testverfahren mit polynomialer Laufzeit kennengelernt – allerdings ist selbst für diese Verfahren das Rechnen mit Zahlen aus mehreren Millionen Ziffern eine Herausforderung an Arithmetik, Hardware und Organisation der Rechnungen selbst. Die auf den ersten Blick spielerische Fragestellung führt also unvermittelt an die vorderste Front des algorithmisch und computertechnisch Möglichen. Die Einfachheit der Fragestellung reizte auch immer wieder die große Gemeinde der Mathematiker und Informatiker jenseits der „Akademia", sich auf diesem Gebiet zu versuchen.

Im Gegensatz zu anderen Gebieten der Hobbymathematik sind dabei allerdings *kollektive* intellektuelle und technische Leistungen einer nicht nur rechentechnisch vernetzten Intelligenz gefragt, an deren Ende selten genug der *Autor* der Leistung auszumachen ist, auch wenn der Besitzer des Computers, auf dem das letzte Bit zum Beweis hinzugefügt wurde, gewöhnlich mit besonderer Aufmerksamkeit bedacht wird. Die Jagd nach Primzahlrekorden ist also auch ein Beispiel für eine andere Art, Wissenschaft zu treiben, als die hergebrachten Arten eines autorenzentrierten „publish or perish" oder großer „Wissenschaftskonzerne", in denen die größeren Ehren den Wissenschaftsmanagern zuteil werden.

Mit Blick auf die Schwierigkeit der Rechnungen werden solche großen Primzahlen nicht mit einem Screening-Verfahren gesucht, sondern man beschränkt sich bei der Suche auf Zahlenreihen, deren Eigenschaften bis hin zu einem effizienten Primzahl-Zertifikat gut bekannt sind. Zwei solche Zahlenreihen, die Fermatzahlen und die Mersennezahlen, sollen abschließend genauer beschrieben werden.

## 8.1 Fermatzahlen

Ein Primzahl-Zertifikat für eine Zahl $m$ ist besonders einfach zu erstellen, wenn die Faktorzerlegung vom $m - 1$ leicht zu bestimmen ist. Dies trifft insbesondere auf die *Fermatzahlen* $F_k = 2^{2^k} + 1$ zu, da $F_k - 1$ nur den Primfaktor 2 enthält.

*Aufgabe 10:* Zeigen Sie, dass Fermatzahlen die einzigen Zahlen der Form $m = 2^a + 1$ sind, die prim sein können.

Primzahlen dieser Gestalt spielen eine große Rolle in der Frage der Konstruierbarkeit regelmäßiger $n$-Ecke mit Zirkel und Lineal. So konnte C. F. Gauß die Konstruierbarkeit des regelmäßigen 17-Ecks nachweisen, weil die Primzahl 17 in dieser Reihe auftritt.

Fermat behauptete in einem Brief an Mersenne, dass alle Zahlen $F_k$ prim seien und konnte dies für die ersten fünf Fermatzahlen $F_0 = 3$, $F_1 = 5$, $F_2 = 17$, $F_3 = 257$ und $F_4 = 65\,537$ nachweisen, vermerkte allerdings, dass er die Frage für die nächste Fermatzahl $F_5 = 4\,294\,967\,297$ nicht entscheiden könne. Dies wäre allerdings mit dem Fermat-Test für die Basis $a = 3$ (vom Rechenaufwand abgesehen) gar nicht so schwierig gewesen:

```
m:2^(2^5)+1; power_mod(3,m-1,m);
```

$$3\,029\,026\,160$$

*Aufgabe 11:* Überlegen Sie, warum $a = 2$ nie als Zertifikat für Fermatzahlen taugt.

# Primzahlrekorde

Die Basis $a = 3$ kann man generell für den Fermat-Test von $F_k$ verwenden und zeigen, dass auch die nächsten Fermatzahlen (deren Stellenzahl sich allerdings mit jedem weiteren $k$ verdoppelt) zusammengesetzt sind. Auf dieser Basis kann man auch Primzahl-Zertifikate erzeugen:

**Satz 29 (Test von Pepin, 1877)** *Eine Fermatzahl $F_k$ mit $k > 1$ ist genau dann prim, wenn $3^{\frac{F_k-1}{2}} \equiv -1 \pmod{F_k}$ gilt.*

*Beweis:* Ist $3^{\frac{F_k-1}{2}} \equiv -1 \pmod{F_k}$, so ist $F_k$ eine Primzahl, wie sofort aus dem Satz von Lucas-Lehmer folgt.

Für $k > 1$ gilt $2^{2^k} = 4^{2^{k-1}} \equiv 1 \pmod 3$ und damit $F_k \equiv 2 \pmod 3$. $F_k$ ist also ein quadratischer Nichtrest modulo 3, und für das Jacobisymbol gilt $\left(\frac{F_k}{3}\right) = -1$, wenn $F_k$ eine Primzahl ist. Nach dem quadratischen Reziprozitätsgesetz (5.3) für ungerade ganze Zahlen $p, q$ ergibt sich dann

$$3^{\frac{F_k-1}{2}} \equiv \left(\frac{3}{F_k}\right) = (-1)^{\frac{F_k-1}{2}} \left(\frac{F_k}{3}\right) = -1 \pmod{F_k}.$$

3 ist also ein Zertifikat für $F_k$. □

Dieser Satz kann in den folgenden `PepinTest` für Fermatzahlen gegossen werden.

```
PepinTest(n):=
   block([m:2^(2^n)+1],is(power_mod(3,m-1,m)=1));
```

Mit diesem einfachen Test konnte bewiesen werden, dass die Zahlen $F_k$ mit $k < 33$ zusammengesetzt sind[2]. $F_{33}$ hat fast 6 Milliarden Ziffern.

Fermatzahlen gehören heute zu den Zahlen, für die man besonders intensiv versucht, die Primfaktorzerlegung zu finden.

---
[2] Stand Mai 2012, Quelle: `http://www.prothsearch.net/fermat.html`

Die Faktorisierung $F_5 = 641 \cdot 6\,700\,417$ fand erstmals Euler, allerdings scheiterte er bereits an der nächsten Zahl $F_6 = 18\,446\,744\,073\,709\,551\,617$, deren Faktorisierung

$$F_6 = 67\,280\,421\,310\,721 \cdot 274\,177$$

erst im Jahre 1880 entdeckt wurde. Ein modernes CAS berechnet diese Zerlegung heute im Bruchteil einer Sekunde, kommt aber bei der nächsten Fermatzahl

$$F_7 = 340\,282\,366\,920\,938\,463\,463\,374\,607\,431\,768\,211\,457$$

bereits in Schwierigkeiten. Das Faktorisieren solch langer Zahlen stellt eine große algorithmische Herausforderungen dar. Diese Fragen werden im Rahmen des Fermatsearch-Projekts[3] weiter voran getrieben. Mehr zu Fermatzahlen findet sich auch in Eric Weissteins *Mathworld*[4].

## 8.2 Mersennezahlen

Besonders viel Bewegung war in der „Primzahl-Szene" der letzten Jahre bei den Mersennezahlen $M_q = 2^q - 1$, $q \in \mathbb{P}$, zu verzeichnen.

*Aufgabe 12:*

a) Zeigen Sie, dass $2^q - 1$ für zusammengesetzte Zahlen $q$ keine Primzahl sein kann.

b) Zeigen Sie, dass für $a, b \in \mathbb{N}$ stets

$$\gcd(2^a - 1, 2^b - 1) = 2^{\gcd(a,b)} - 1$$

gilt.

---

[3] http://www.fermatsearch.org
[4] http://mathworld.wolfram.com/FermatNumber.html

Mersenne behauptete im Jahr 1644, dass $M_q$ für die Primzahlen $q \in \{2, 3, 5, 7, 13, 17, 19, 31, 67, 127, 257\}$ prim sei und für keinen anderen Exponenten $q \leq 257$. Mit MAXIMA kann diese Behauptung heute leicht überprüft werden:

```
sublist(makelist(i,i,1,1000),
  lambda([x],primep(x) and primep(2^x-1)));
```

[2, 3, 5, 7, 13, 17, 19, 31, 61, 89, 107, 127, 521, 607]

Mersennes Liste enthält also vier Fehler, wobei $q = 67$ gewöhnlich großzügig als Schreibfehler gewertet wird.

Damit sind zugleich die ersten 14 Mersenneschen Primzahlen gefunden. Je größer $q$ wird, desto seltener treten solche Zahlen auf. So gibt es im Bereich $128 \leq q \leq 1000$ nur noch zwei Stück. Diese wurden erst 1952 von R. M. Robinson entdeckt. Zugleich wird der Rechenaufwand immer größer, da die Stellenzahl von $M_q$ linear mit $q$ wächst.

R. M. Robinson fand im Jahr 1952 auch die Mersenneschen Primzahlen Nummer 15 bis 17: $M_{1279}$ (386 Stellen), $M_{2203}$ (664 Stellen) und $M_{2281}$ (687 Stellen). Weitere Mersennesche Primzahlen wurden in den 80er Jahren vor allem von D. Slowinski und seinen Mitstreitern gefunden, so etwa die 30. Mersennesche Primzahl $M_{132\,049}$ (39 751 Stellen). Allerdings wurde diese Zahl erst später als Nummer 30 identifiziert, denn man hatte die Primzahl $M_{110\,503}$ übersehen.

In den 90er Jahren wurde, mit zunehmender Leistungsfähigkeit der Rechentechnik und insbesondere der Möglichkeit, stabile verteilte Rechnungen in lose gekoppelten Netzwerken zu organisieren, eine ganze Reihe neuer Mersennescher Primzahlen entdeckt. Während Ribenboim in der 3. Auflage (1996) seines Buchs [5] noch die 33. Mersennesche Primzahl $M_{859\,433}$ mit 258 716 Stellen als größte bekannte Primzahl nennt, wurde im Dezember 2003 bereits $M_{20\,996\,011}$ mit 6 320 430 Stellen als die 40. Mersennesche Primzahl identifiziert.

Die 2006 gefundene 44. Mersennesche Primzahl $M_{32\,582\,657}$ hatte mit 9 808 358 noch immer ein paar Ziffern zu wenig, um die 100 000 Dollar der Electronic Frontier Foundation für die erste explizit bekannte Primzahl mit mehr als 10 Millionen Ziffern fällig zu stellen. Diese Grenze wurde im August und September 2008 überschritten, als mit $M_{43\,112\,609}$ (12 978 189 Ziffern) und $M_{37\,156\,667}$ (11 185 272 Ziffern) die Mersennesche Primzahl Nummer 45 und 46 gefunden wurden, wobei die größere der beiden Primzahlen zuerst entdeckt wurde.

Es bedarf einer ausgefeilten Arithmetik und guter Algorithmen, um mit solchen Riesenzahlen zu rechnen. Die letzten Mersenneschen Primzahlen wurden alle im Rahmen eines der großen Projekte zum verteilten Rechnen, des GIMPS-Projekts (Great Internet Mersenne Primes Search, siehe `http://www.mersenne.org`) gefunden.

Wie im Pepin-Test für Fermatzahlen möchte man auch für Mersennezahlen einen Primtest anwenden, der im Erfolgsfall gleich ein Primzahl-Zertifikat liefert. `certifyPrime` ist dafür wenig geeignet, da für die Erstellung des Zertifikats die Faktorzerlegung von $m - 1 = 2^q - 2$ gefunden werden muss. Da statt dessen die Faktorzerlegung von $m + 1 = 2^q$ offensichtlich ist, basiert das entsprechende Verfahren für Mersennezahlen auf dem Lucas-Test und dem Lucas-Zertifikat.

**Satz 30** *Sei $z = 1 + \sqrt{3}$ und $V_n = V_n(z)$ die zugehörige Lucas-V-Folge. Die Mersennezahl $m = 2^q - 1$, $q \geq 3$, ist genau dann prim, wenn $V_{\frac{m+1}{2}} \equiv 0 \pmod{m}$ gilt.*

*Beweis:* In den Bezeichnungen von Kapitel 7 ergibt sich $P = 2$, $Q = -2$, $D = P^2 - 4Q = 12$ und

$$z^n = \frac{V_n + U_n\sqrt{12}}{2}\,.$$

Aus $m \equiv (-1)^q - 1 \equiv 1 \pmod{3}$ und dem quadratischen

# Primzahlrekorde

Reziprozitätsgesetz (5.3) folgt

$$\left(\frac{D}{m}\right) = \left(\frac{3}{m}\right) = -\left(\frac{m}{3}\right) = -1.$$

Die Voraussetzungen $\gcd(QD, m) = 1$ und $\left(\frac{D}{m}\right) = -1$ des Lucas-Kriteriums sind also erfüllt.

Ist $m$ prim, so folgt aus dem Lucas-Kriterium sofort $U_{m+1} \equiv 0 \pmod{m}$. Aus Eigenschaft (7.8) von Lucas-Folgen ergibt sich mit $n = \frac{m+1}{2}$

$$V_n^2 = V_{m+1} + 2\,Q^n = V_{m+1} + 4 \cdot 2^{n-1} \equiv V_{m+1} + 4 \pmod{m},$$

denn es gilt

$$2^{n-1} = 2^{\frac{m-1}{2}} \equiv \left(\frac{2}{m}\right) = (-1)^{\frac{m^2-1}{8}} \equiv 1 \pmod{m}.$$

Aus den Eigenschaften (7.6) und (7.10) folgt

$$\begin{aligned} 2\,V_{m+1} &= V_m\,V_1 + 12\,U_m\,U_1 \\ &= 2\,(V_m + 6\,U_m) \equiv 2\,(2-6) \equiv -8 \pmod{m}, \end{aligned}$$

also $V_{m+1} \equiv -4 \pmod{m}$ und schließlich $V_n \equiv 0 \pmod{m}$.

Gilt umgekehrt $V_n \equiv 0 \pmod{m}$, so ergibt sich $U_{m+1} \equiv 0 \pmod{m}$ aus der Eigenschaft (7.7) von Lucas-Folgen, und aus (7.8) ergibt sich

$$12\,U_n^2 + 4\,(-2)^n \equiv 0 \pmod{m},$$

woraus sofort $U_n \not\equiv 0 \pmod{m}$ folgt. □

Das Berechnen von $V_n \pmod{m}$ mit $n = \frac{m+1}{2} = 2^{q-1}$ durch binäres modulares Matrixpotenzieren lässt sich in diesem Fall auf eine einfache quadratische Rekursion der Länge $q - 1$ zurückführen. Wir setzen dazu

$$l_k = V_{2^k} / 2^{2^{k-1}}.$$

Dann gilt $l_1 = \frac{V_2}{2} = 4$ und durch vollständige Induktion lässt sich die Gültigkeit der Rekursionsbeziehung $l_{k+1} = l_k^2 - 2$ leicht verifizieren. In der Tat ergibt sich

$$l_k^2 - 2 = \frac{V_{2^k}^2}{2^{2^k}} - 2 = \frac{V_{2^{k+1}} + 2(-2)^{2^k}}{2^{2^k}} - 2 = \frac{V_{2^{k+1}}}{2^{2^k}} = l_{k+1},$$

wobei sich die zweite Gleichung aus der Eigenschaft (4) von Lucas-Folgen ergibt.

Wir haben damit also das folgende Primtest-Kriterium für Mersennezahlen bewiesen:

**Satz 31 (Lucas-Lehmer-Test, 1878, 1930/35)**
*Die Mersennezahl $m = 2^q - 1$ (q prim) ist genau dann eine Primzahl, wenn $l_{q-1} \equiv 0 \pmod{m}$ gilt, wobei $l_k$ durch die Rekursionsbeziehung $l_k = l_{k-1}^2 - 2$ für $k \geq 2$ und den Startwert $l_1 = 4$ definiert ist.*

# Literatur

[1] R. Crandall; C. Pomerance: *Prime Numbers – A Computational Perspective.* New York: Springer 2001.

[2] O. Forster: *Algorithmische Zahlentheorie.* Braunschweig und Wiesbaden: Vieweg 1996.

[3] http://mathworld.wolfram.com/PrimalityTest.html

[4] MAXIMA, a Computer Algebra System. http://maxima.sourceforge.net.

[5] P. Ribenboim: *The New Book of Prime Number Records.* New York: Springer 1996.

[6] P. Ribenboim; W. Keller: *Die Welt der Primzahlen: Geheimnisse und Rekorde.* New York: Springer 2004.

# Index

**a**ssoziiert, 11, 13

**b**inäres Multiplizieren, 25
binäres Potenzieren, 43, 66
binMatPower, 66
binMult, 25
binPower, 44

**C**armichael-Exponent, 39
Carmichael-Zahl, 47, 48
certifyPrime, 59
charakteristisches
 Polynom, 63
Chinesischer Restsatz, 32
comp, 22
CRA, 35

**D**bleDigit, 21, 24
Ddivmod, 21
Division mit Rest, 14, 26
Divmod, 27
Dmult, 21

**E**divmod, 21
EMult, 24
Emult, 21
Erwartungswert, 22
Euklidischer Algorithmus,
 14, 15, 28
Eulersche Phi-Funktion,
 32, 33

Exponente, 39

**f**aktoriell, 12
Fermat, 38, 43
Fermat-Test, 43, 45, 48
Fermat-Zeuge, 43, 56
Fermatzahl, 74
Fundamentalsatz, 29, 31,
 33

**g**anzes Element, 63
getTime, 41
größter gemeinsamer
 Teiler, 12, 14, 15, 28

**i**nvertierbar, 11, 32
irreduzibel, 11

**J**acobisymbol, 53, 54

**K**ürzungsregel, 31
Kosten, 10, 21, 23, 25–28,
 37, 41, 51, 67

**L**as-Vegas-Ansatz, 45, 46,
 55
leftshift, 25
Legendre-Symbol, 52
Lucas-Folge, 65, 67
Lucas-Lehmer, 57, 80
Lucas-Test, 62, 68, 71
Lucas-Zertifikat, 69, 71

Mersennezahl, 76
modulare Arithmetik, 29

Normabbildung, 63, 65

Ordnung, 37

prim, 11, 32
prime Restklassen, 31, 32, 37
primeTestByTrialDivision, 40
Primzahl-Zertifikat, 56, 57, 74
Probedivision, 40

quadratische Körpererweiterung, 63
quadratischer Rest, 51
quadratisches Reziprozitätsgesetz, 54

Rabin-Miller-Test, 47, 49
Rabin-Miller-Zeuge, 50
rightshift, 25, 66

Satz von Carmichael, 39
Satz von Euklid, 14
Satz von Euler, 38
Satz von Lagrange, 38, 46
Satz von Pepin, 75
smallPrimesTest, 42
Solovay-Strassen-Test, 51, 55
StringToZahl, 20
symb, 19

val, 19

Wachstumsordnung, 10
Wortlänge, 18

Zählfunktion, 10
ZahlToTString, 20

## Edition am Gutenbergplatz Leipzig / (abgekürzt: EAGLE)

**Britzelmaier, B. / Studer, H. P. / Kaufmann, H.-R.:
EAGLE-STARTHILFE Marketing.**
Leipzig 2010. 2., bearb. u. erw. Aufl. EAGLE 040. ISBN 978-3-937219-40-0

**Britzelmaier, B.: EAGLE-STARTHILFE Finanzierung und Investition.**
Leipzig 2009. 2., bearb. u. erw. Aufl. EAGLE 026. ISBN 978-3-937219-93-6

**Brune, W.: Klimaphysik.** Strahlung und Materieströme.
Leipzig 2011. 1. Aufl. EAGLE 034. ISBN 978-3-937219-34-9

**Deweß, G. / Hartwig, H.: Wirtschaftsstatistik für Studienanfänger.**
Begriffe – Aufgaben – Lösungen.
Leipzig 2010. 1. Aufl. EAGLE 038. ISBN 978-3-937219-38-7

**Franeck, H.: ... aus meiner Sicht.**
Freiberger Akademieleben. Geleitwort: D. Stoyan.
Leipzig 2009. 1. Aufl. EAGLE 030. ISBN 978-3-937219-30-1

**Franeck, H.: EAGLE-STARTHILFE Technische Mechanik.**
Ein Leitfaden für Studienanfänger des Ingenieurwesens.
Leipzig 2004. 2., bearb. u. erw. Aufl. EAGLE 015. ISBN 3-937219-15-3

**Fröhner, M. / Windisch, G.: EAGLE-GUIDE Elementare Fourier-Reihen.**
Leipzig 2009. 2., bearb. u. erw. Aufl. EAGLE 018. ISBN 978-3-937219-99-8

**Graumann, G.: EAGLE-STARTHILFE Grundbegriffe der Element. Geometrie.**
Leipzig 2011. 2., bearb. u. erw. Aufl. EAGLE 006. ISBN 978-3-937219-80-6

**Günther, H.: Bewegung in Raum und Zeit.**
Leipzig 2012. 1. Aufl. EAGLE 054. ISBN 978-3-937219-54-7

**Günther, H.: EAGLE-GUIDE Raum und Zeit – Relativität.**
Leipzig 2009. 2., bearb. u. erw. Aufl. EAGLE 022. ISBN 978-3-937219-88-2

**Haftmann, R.: EAGLE-GUIDE Differenzialrechnung.**
Vom Ein- zum Mehrdimensionalen.
Leipzig 2009. 1. Aufl. EAGLE 029. ISBN 978-3-937219-29-5

**Hauptmann, S.: EAGLE-STARTHILFE Chemie.**
Leipzig 2004. 3., bearb. u. erw. Aufl. EAGLE 007. ISBN 3-937219-07-2

**Hupfer, P. / Tinz, B.: EAGLE-GUIDE Die Ostseeküste im Klimawandel.**
Fakten – Projektionen – Folgen.
Leipzig 2011. 1. Aufl. EAGLE 043. ISBN 978-3-937219-43-1

**Junghanns, P.: EAGLE-GUIDE Orthogonale Polynome.**
Leipzig 2009. 1. Aufl. EAGLE 028. ISBN 978-3-937219-28-8

**Klingenberg, W. P. A.: Klassische Differentialgeometrie.**
Eine Einführung in die Riemannsche Geometrie.
Leipzig 2004. 1. Aufl. EAGLE 016. ISBN 3-937219-16-1

**Krämer, H.: In der sächsischen Kutsche.**
Leipzig 2012. 1. Aufl. EAGLE 056. Hardcover. ISBN 978-3-937219-56-1

**Krämer, H.: Die Altertumswissenschaft und der Verlag B. G. Teubner.**
Leipzig 2011. 1. Aufl. EAGLE 049. ISBN 978-3-937219-49-3

**Kufner, A. / Leinfelder, H.: EAGLE-STARTHILFE Elementare Ungleichungen.**
Eine Einführung mit Übungen.
Leipzig 2012. 1. Aufl. EAGLE 045. ISBN 978-3-937219-45-5

**Luderer, B.: EAGLE-GUIDE Basiswissen der Algebra.**
Leipzig 2009. 2., bearb. u. erw. Aufl. EAGLE 017. ISBN 978-3-937219-96-7

**Ortner, E.: Sprachbasierte Informatik.**
Wie man mit Wörtern die Cyber-Welt bewegt.
Leipzig 2005. 1. Aufl. EAGLE 025. ISBN 3-937219-25-0

**Radbruch, K.: Bausteine zu einer Kulturphilosophie der Mathematik.**
Leipzig 2009. 1. Aufl. EAGLE 031. ISBN 978-3-937219-31-8

**Resch, J.: EAGLE-GUIDE Finanzmathematik.**
Leipzig 2004. 1. Aufl. EAGLE 020. ISBN 3-937219-20-X

**Scheja, G.: Der Reiz des Rechnens.**
Leipzig 2004. 1. Aufl. EAGLE 009. ISBN 3-937219-09-9

**Sprößig, W. / Fichtner, A.: EAGLE-GUIDE Vektoranalysis.**
Leipzig 2004. 1. Aufl. EAGLE 019. ISBN 3-937219-19-6

**Stolz, W.: EAGLE-GUIDE Radioaktivität von A bis Z.**
Leipzig 2011. 1. Aufl. EAGLE 053. ISBN 978-3-937219-53-0

**Stolz, W.: EAGLE-GUIDE Formeln zur elementaren Physik.**
Leipzig 2009. 1. Aufl. EAGLE 027. ISBN 978-3-937219-27-1

**Thiele, R.: Felix Klein in Leipzig.** Mit F. Kleins Antrittsrede, Leipzig 1880.
Leipzig 2011. 1. Aufl. EAGLE 047. ISBN 978-3-937219-47-9

**Thierfelder, J.: EAGLE-GUIDE Nichtlineare Optimierung.**
Leipzig 2005. 1. Aufl. EAGLE 021. ISBN 3-937219-21-8

**Triebel, H.: Anmerkungen zur Mathematik.**
Leipzig 2011. 1. Aufl. EAGLE 052. Hardcover. ISBN 978-3-937219-52-3

**Wagenknecht, C.: EAGLE-STARTHILFE Berechenbarkeitstheorie.**
Cantor-Diagonalisierung – Gödelisierung – Turing-Maschine.
Leipzig 2012. 1. Aufl. EAGLE 059. ISBN 978-3-937219-59-2

**Walser, H.: Fibonacci.** Zahlen und Figuren.
Leipzig 2012. 1. Aufl. EAGLE 060. ISBN 978-3-937219-60-8

**Walser, H.: 99 Schnittpunkte.** Beispiele – Bilder – Beweise.
Leipzig 2012. 2., bearb. u. erw. Aufl. EAGLE 010. ISBN 978-3-937219-95-0

**Walser, H.: Geometrische Miniaturen.** Figuren – Muster – Symmetrien.
Leipzig 2011. 1. Aufl. EAGLE 042. ISBN 978-3-937219-42-4

**Walser, H.: Der Goldene Schnitt.** Mit einem Beitrag von **H. Wußing**.
Leipzig 2009. 5., bearb. u. erw. Aufl. EAGLE 001. ISBN 978-3-937219-98-1

**Wußing, H. / Folkerts, M.: EAGLE-GUIDE Von Pythagoras bis Ptolemaios.**
Mathematik in der Antike. Vorwort: **G. Wußing**.
Leipzig 2012. 1. Aufl. EAGLE 055. ISBN 978-3-937219-55-4

**Wußing, H.: EAGLE-GUIDE Von Leonardo da Vinci bis Galileo Galilei.**
Mathematik und Renaissance.
Leipzig 2010. 1. Aufl. EAGLE 041. ISBN 978-3-937219-41-7

**Wußing, H.: EAGLE-GUIDE Von Gauß bis Poincaré.**
Mathematik und Industrielle Revolution.
Leipzig 2009. 1. Aufl. EAGLE 037. ISBN 978-3-937219-37-0

**Alle EAGLE-Bände im VLB-online.**        www.eagle-leipzig.de